自然農法の稲を求めて

―生命（いのち）をつくる風景、土の力を信じる人々

中井弘和

22世紀アート

序にかえて

自然農法の野へ

夏が来ると、いつもこんな歌が口をついて出る。『裸足になって青草踏んで露の光る野原へ駆けてゆこうよ』。小学校3年生の頃だったと思う。夏休みを目前に控えて、担任の若い女性の先生（*）のオルガンに合わせてクラス全員が大声で歌った一節である。歌詞もメロディーもこの部分しか思い出せないが、歌うごとに、少年の日の夏休みを待ち望む喜びの心情が湧きあがってくる。早朝の陽を浴びて光る無数の露を抱いて拡がる青く広い野原がわたしの眼前に現れる。朝露の冷たさを足裏から身体全体に感じながら希望をもって青草の野に駆け出していく自分の姿も映しだされる。

わたしの小学校3年生といえば昭和23年（1948年）、敗戦後3年ばかり経った頃である。戦争の傷跡はなお色濃く残り、食べる物にも事欠く時代であったが、新憲法の発布と施行の時を経て世は平和の時代へ歩む希望にあふれていた。この歌には未来に希望を託すあの時代の空気が色濃く反映されているのかと思う。わたしにとっての自然農法はあの時歌った露が光る青草の野であるといってもよい。いきおいよくその野に駆け出して歩み続け今に至っている。

自然農法のイメージ

さて、自然農法というと人はどのようなイメージを抱くだろうか。それは、「自然の摂理に沿い、土本来の力を生かす」と創始者、岡田茂吉（１８８２〜１９９５）によって定義される。１９３０年代の半ば、無肥料栽培として提唱され、戦後、自然農法あるいは自然栽培として広く普及されることになった。食糧不足に悩む戦後日本人に豊かな食を与えその健康を願ってのことである。農薬や化学肥料は使用しない。栄養素としては人糞や動物糞尿は使用せず、草・落葉・作物残渣など植物材料の堆肥を用いて、土壌の腐植性を高めながらその力を活かすことを特徴とした。

レイチェル・カーソン（１９０７〜１９６４）が『沈黙の春』（１９６２）を著わし、農薬害を世界的に警告して、環境意識が高まる社会情勢の中で、自然農法が人々の耳目を集め、その価値が認知されてきたことは確かである。しかし、一方、自然農法は戦後急速に発展拡大して「緑の革命」と称して世界を席巻する近代農業技術の陰に隠されていった事実もある。近代農業は、農薬、化学肥料を大量に駆使して、大規模に作物を栽培し、収穫量を圧倒的に増加させる強みがあった。緑の革命の父と呼ばれるノーマン・ボーローグ（１９１４～２００９）は、１９７０年、食料を増産し人類の平和に貢献した理由でノーベル平和賞を受賞することになった。しかし、難民救助活動に晩年を捧げた小説家・評論家の犬養道子（１９２１～２０１７）が代表作のひとつ『人間の大地』（１９８５年）において、緑の革命の地球環境や人類の未来に対する悪影響について警鐘を鳴らしたのはその１５年後のことである。緑の革命は、多くの時をかけず、土壌劣化・砂漠化、伝統的な農業技術や作物種（品種）の喪失、果ては農村の崩壊など深刻な環境・社会問題を引き起こすことになったのである。

現在、人類は、コロナウイルスパンデミックに翻弄され、呻吟しながら立ち往生している危機的状況にある。さらに、人類は、もう長く気候変動による破局的な自然災害に襲われ続け、その惨禍は年々過酷さを増している。パンデミックも気候変動による自然災害も、人間が犯した環境破壊の帰結によることは論を待たない。今世紀末までに、地球の平均気温の上昇を１．５℃以内に収めなければいけない。そのためには、温室効果ガスの排出濃度を２０５０年にはゼロにする必要がある。それらはまさに科学的分析に基づいた共通認識である。時間は多く残されてはいない。

地球温暖化あるいは地球環境の破壊を抑制する科学的・社会的活動のダイナミズムの中に「自然農法」の技術や思想を視野に入れていくことも可能ではないか。地球温暖化抑制の人類的大課題に食べものや農業のありようからアプローチする方法もあるだろうと考えている。自然農法は、環境保全への貢献度は理解されながらも、収量性が上がらず、手間のかかるマイナーなイメージに甘んじてきたきらいがある。収量性を上げることが自然農法技術の最大の課題であることは言うに及ばない。日本の農学者たちが当課題に対してむしろ冷ややかな反応を示してきた中、自然農法を実践する農民の多くが永く地道にそして懸命に当問題の解決に取り組んできた経緯がある。それら積み重ねてきた農民たちの経験知は今後の農業技術の中に豊かに生かされていくに違いない。育種学を専門とする一介の農学者であるわたしが永く実践してきたことは、自然農法で収量が上がり良品質の稲の種（品種）を育成する研究であり、育種の実際であった。

実は、意外に思われる方も多いかもしれないが、日本は自然・有機農業の後進国であるという事実がある。日本の全耕地面積に対する自然・有機農業の占める割合は０．５％ほどである。それに比べて、ＥＵのオーストリアは２３．４％、スウェーデン１９．２％、イタリア１４．９％であり、ＥＵ諸国全体では平均７．０％である（欧州連合統計局、２０１７）。有機農業の総耕地面積については、オーストラリア、アメリカ、中国の順となる。有機農産物あるいは有機食品に対する日本人の関心・意識は欧米に比べて著しく低いというデータもある。基本的に人の健康や精神を作る食べもののありようは日本人全体の最重要課題の一つであるはずである。

自然農法の稲を求める旅

　わたしが自然農法に初めて出遭ったのは１９８０年のころである。刈り草で覆われた無肥料の畑で生き生きと生育する野菜たちの姿に衝撃を受け、やがてそれが感動への気持ちと変わり、自然農法を科学の土俵で検証してみたいと思うに至る。１０年後ようやく長野県飯島町の農家、中村雄一さんの水田で自然農法研究の機会が与えられ、１４年が過ぎた定年後の２００５年からは、伊豆の国市の大仁農場（公益財団法人『農業・環境・健康研究所』）を拠点としながら、北海道から沖縄までの日本各地域の農家の人たちと稲の育種に取り組むことになり今日に至っている。その数は１９農家（当研究所付属農場を含む）に及ぶ。

　これら稲育種の経験を主としたエッセイを月刊誌『自然農法』（一般社団法人『ＭＯＡ自然農法文化事業団』発行）に、「種、いのち、を育てる」のテーマで掲載するようになったのは、２００９年のことである。その内容は稲の種（品種）づくりが中心であるが、地域で出会った農家の人たちの知恵や、その間に起こった東日本大震災など重大な出来事に関するわたしのおもいなどを綴っている。新品種がようやく生まれ始めたこの時機、これらのエッセイをひとつに編んで、稲の種づくりを核としながら、わたしが経験した自然農法の世界の全貌とその意味を世に問いたいと願った次第である。永い星霜と春夏秋冬をくぐりぬけ、自然農法の稲を求めて歩み修業するわたしの稲行脚の記録といってもよい。いずれにせよ、本書が新しい生命（いのち）の時代へのひとつの明りになれば望外の喜びである。

※ 児玉きみ子（現　山本）先生は９８才の今も故郷（福井県　越前市）で、草花を慈しみ、元気に過ごしておられる。

目次

一・育種学

1. 育種学

わたしの専門を聞かれ、「育種学」と答えても解ってもらえないことが多い。そんなときは決まって、「簡単にいえば品種改良の学問です」と返すことにしている。この答えは実はその定義からするとやや乱暴なのであるが、そう言えば誰からも理解してもらえる。育種という用語が日本で最初に出てくるのは、日本近代農学の父といわれる横井時敬《ときよし》博士の名著『栽培汎論』（1898年）の中である。「新品種を育成するを目的とする選種法は之を『育種』と名づけ最も困難な方法なりとす」とある。それ以前は漠然と「選種」といわれていたようである。江戸から明治時代にかけて、農民自らが良い種を選ぶことによって多くの稲品種が生まれてきた経緯がある。

もう少し分かりやすい命名ができなかったのか、と折に触れて思ったものである。しかし、いつの頃からか、育種とは種すなわちいのちを育てる意味だと、はたと気づくことになった。小さな一粒の種は、何千何万倍にもいのちを膨らませる。博士は、農学という学問体系を創りながら、いのちの神秘から決して目をそらすことはなかった。育種という命名一つからでもそのことがよく想起される。「農学栄えて農業滅ぶ」と人々の口に膾炙されてきた言葉も、実は、博士自身の自戒と農学者への警告を込めたものである。残念ながら、農学者は限りなく農業の現場から離れ、そして日本の農業は衰退の一途を辿りつつある。

育種はいつの頃からか、農民の手を離れ、国や種苗企業にゆだねられるようになった。品種改良は大きなビジネスチャンスなのである。経済の国際化が進む中、アメリカは種でも世界を席巻し巨万の富を築いている。種はもはや車や電気製品と同じ商品と化している。農業は一万年ほど前、食を求める人々が必死で山野から植物（種）を採集し身近に植えるところから始まったとされる。それ以降、農民たちはいろいろな地域の多様な風土の中で、より多くの収穫をと祈りつつ、営々と自ら種を採り続けて来た。その結果、人類は莫大な作物品種を手にすることになったのである。育種は農業そのものであることが分かる。

わたしは、大学定年後、ＭＯＡ自然農法文化事業団の技術顧問（＊）として、大仁農場で稲の育種に取り組み５年目を迎えている。大学最後の１４年間に行った「自然農法に適応する稲品種の育成に関する研究」の成果を生かし、自然農法で収量が上がる良質の米の品種を創りたいと考えている。現在、大仁農場を拠点としながら、北は秋田から南は沖縄まで全国で１１地域ほどの農家の水田をお借りして、地域の人々と共に選抜試験を進めている。本来の育種、農業のありようを探っていきたいと念じてのことである。折から、この欄に連載の機会が与えられたことを感謝している。少しなりとも、育種の現場から、

種、いのち、の風をお送りできればと願うばかりである。(2009年4月号)

＊現在は公益財団法人『農業・環境・健康研究所』の技術顧問として勤務している。

2．生きている土から

わたしが初めて自然農法の研究をスタートさせたのは、1991年5月の明るく晴れた日であった。研究室の学生たちをはじめ、国立遺伝学研究所やMOA大仁農場の研究者など総勢20名ほどで、実験材料の稲苗を携え、車を連ねて長野県上伊那郡飯島町の中村雄一さん宅に向かった。自然農法を研究テーマとしてみたいと思い始めて10年以上が過ぎていた。永年の夢が叶う日であった。静岡から5時間ほどの道のりを経て中村さん宅に到着して、挨拶もそこそこに案内していただいた自然農法水田に裸足で踏み入った時の土の感触を忘れることができない。生命の息吹あふれる土の経験からわたしの自然農法研究は始まったのである。

自然農法は、1930年半ば、岡田茂吉(1882〜1955)によって提唱されたことはよく知られている。中村さんは、当時すでに16年間にわたって、「自然の摂理に沿い、土本来の力を生かす」を基本思想とするこの自然農法を実践していた。食べる米以外の稲藁などは全部水田に還す。冬季にライ麦を栽培して鋤き込み、草、米糠、おからなどを発酵させた堆肥を用いて栄養分を補う。農薬、化学肥料はもちろん使用しない。わたしたちが自然農法研究で踏みしめてきた土は、自然農法に向き合いながら、日々を新たな勉強と捉え、土作りに精進してきた中村さんのひとつの作品であり心であったに違いない。

その日は、世界から収集した、日本型、インド型、在来種、近代改良品種など１２０の多彩な稲品種を用いて田植えを行った。どのような品種が自然農法に適応して収量を上げるのかを観ようとしてのことである。田植を終えてほっとして見上げた、雪の残る駒ケ岳の上に広がる青い空の風景は今も目に焼きついている。それ以降、わたしが定年になる２００５年までの１４年間、中村さんの水田を拠点にして、学生たちと共に自然農法研究が続けられることになった。その間、卒業論文や修士、博士論文作成にかかわって、自然農法研究に従事した学生は８０名に及ぶ。

品種を選べば自然農法でも収量を確保できる。一連の研究の結論を簡単に言えばこのようになろうか。稲は生きているということと同時に、農業技術は稲（生き物）を管理することではなく、その秘めた力を引き出す業である、という気づきが得られたこともまた大きな成果である。中村さんは、昨年の秋、土を生かし、稲を生かし、人を生かす百姓という生業を完結し８８歳の天寿を全うされた。若き学生たちと共に多くを学ばせていただいた幸いを、限りない感謝とともに想う。梅薫る大仁農場で新しい稲の季節に備えながら。（２００９年5月号）

３．自然農法の稲のすがた

稈長（*）が短い、茎（穂）数が少ない、籾重が重い、穂長はやや短い。これは自然農法の慣行農法に対する相対的な稲の姿である。１２０ほどの種々の品種を平均した姿と考えていただければよい。自然農法の稲は田植から分げつ期（**）に至る初期生育が遅い、というのも大きな特徴である。分げつ期に至るその稲の姿はむしろ貧弱に見えて心もとなくも感ずる。当初はそんな稲の姿を見て失望し、戸惑ったものである。その時期に田から苗を抜き取って、根の姿を見てまた驚いた。地上部の姿とは裏腹に長く太くしっかりと根を張っていたからである。それ以来、その初期生育の遅さに戸惑うことはもちろんなくなった。自然農法稲の典型的な成長の形なのである。

上に述べた、稈長、茎（穂）数、籾重、穂長は収量を左右する主要な形質である。このほかにも病害虫抵抗性など、さまざまな特性が互いに働きあって最終的に収量が決定される。

同じ品種試験から、反当りの玄米重を推定した結果、近代改良品種で３０％、在来品種では２０％自然農法における収量は減少した。自然農法では収量が落ちるという予想通りの結果であった。しかし、在来品種に多く見られる穂重型（長稈、少穂数で穂が長く重い）が近代品種に典型的な穂数型（短稈、多穂数で穂が短く軽い）の稲より自然農法には合うだろうこともこの結果からは見えてくる。

自然農法の稲の平均的な姿を表現すると確かに以上のようになる。しかし、詳細に見ると平均の姿とは逆に、自然農法で背が高くなったり、玄米収量が多くなったりする品種も見られる。各品種がもつ遺伝子系は異なった環境や農法に対して一様にではなく、むしろ特異的に働くのが普通である。人にたとえれば、適材適所という言葉もある。自然農法に確かに良く適応するという品種もあるのである。それが、育種の基本的な動機であり、可能性であるといえるだろう。

「東の空が明るくなり始める早朝、決まって田んぼに稲の見回りに行く。まだ薄暗い朝の空気の中で、自然農法の稲は全体に黄緑色で明るく、凛として真っ直ぐに立っている。触ってみると茎葉は硬く、夜露は下に滑り落ちている。それに比べて、隣の慣行農法水田の稲は色濃く葉はやわらかで横に垂れ、夜露をいっぱい乗せて光っている。自然農法の稲は病菌や虫を誘導する夜露を寄せ付けない草型をしていることが早朝にはよく分かる」。これは、先月の本欄で紹介した中村雄一さんのありし日の言葉である。研究者の表現とはまた異なって、ここからは稲と共に生きてきた篤農家の見た自然農法の稲のダイナミ

ックな姿が浮かび上がってくる。（２００９年６月号）

＊地表面から穂首までの長さ。

＊＊主茎(稈)にできる側芽が発達した分枝。

４．大冷害に凛として稔る

稲の自然農法研究を始めて３年目の１９９３年は、長野県飯島町の他に岩手県北部の岩手山麓に位置する松尾村（現八幡平市）でも実験を行っていた。東北地方を中心に１００年に一度といわれる未曽有の大冷害に襲われた年である。その年、日本は著しい米不足となり必要量の２０数％に相当する２００万トンを緊急に外国から輸入したことも記憶に新しい。

松尾村での６月上旬の田植え時には、眼前にそびえる岩手山はなお白く深く雪に覆われていた。自然農法を始めて５年目という立柳秀範さんの水田と、その近くの慣行農法の水田をお借りして、やはり品種試験を行おうとしていたのである。

この年の９月中旬、稲の生育の状態を見るために、期待に胸膨らませながら現地に赴いた。そこには青々と広く美しい北国の稲の風景が広がっていた。しかし、すぐにその風景が異常であることに気づかされた。すべての稲穂が空に向かってまっすぐに立ち尽くしていたのである。この時期、稲は実り、色づき始めて、垂れていなければいけない。かつて、宮沢賢治が「寒サノ時ハオロオロ歩キ」と農民の悲痛な気持ちを思いやったのは、このような光景を見てのことだったに違いない。

はっとわれに返り、実験田に走り着いて、また驚いた。わたしたちの自然農法の稲は確実に実り色づき始めていたのである。暗い稲の風景の中で光を放っているようであった。

現地で出会った老人たちは一様に沈痛な面持ちで「こんなことは生まれて初めてだ」といっていた。回復への祈りも空しく、1か月後の収穫期に訪れたわたしたちの前には収穫皆無という赤茶けた水田の風景が広がるばかりであった。わたしたちの自然農法の稲はといえば凛として完全に実っていた。驚きと感動をもって見たその時の稲の姿をわたしは忘れることができない。自然農法の稲の際立つ生命力の強さが証された瞬間でもあった。

大冷害は悲しい出来事だったけれど、その中で見事なまでに自然農法の威力が発揮されたことは天の配剤といってよいだろうか。この稲の出来事はカラー写真付きで朝日新聞の第一面に大きく報道され、社会的インパクトを与えることにもなった。しかし、その翌年日本は好天に恵まれ豊作となって人々は大冷害の記憶から遠ざかる。

実は、大冷害が残したもう一つの面は、米の緊急輸入が契機となって不要な米を外国から一定量輸入することになったという事実である。大冷害の社会に及ぼした功罪はいろいろあるけれど、あの自然農法の稲の姿は日本農業の未来への希望であり、自然農法時代の到来を告げる暗示であったのだと今も堅く信じている。（２００９年７月号）

５．青い空

２００９年４月の中旬、稲育種のための播種を終えて帰宅する途中の電車内で突然腹痛に襲われた。大仁農場名物の「ともえ桜」が満開の頃であり、わたしが満７０歳の古希の誕生日を迎える直前のことであった。播種が無事終わって夕食はワインで乾杯をしようと喜び勇んでいた矢先のことである。腹痛のため夕食は取りやめて床に就くことになったが、定期的に襲ってくる酷い腹痛のため眠られぬ夜となった。ようやく朝を迎え、何はともあれ近所の病院に駆け込むことになったが、医者の診断も要領を得ない。

ようやく県立総合病院の緊急外来に行き着いたのはその日の夕方遅くなってからであった。やはり腹の痛みは定期的に襲ってきていた。ＣＴスキャン検査の結果、腸の一部が腸に陥没するという腸重積と診断され、大至急の手術が必要と言われ仰天した。さらに人口肛門付着が手術の必須条件と告げられ進退窮まったものである。人口肛門付着を条件にした手術誓約書を目前にして躊躇するわたしを説得するために何人かの医師が集まってきていた。その場から逃れたい一心で「手術を１日待ってもらえないか」などと口走ったりしてもいた。手術を１日延ばせば生命の保証はできないと医師たちは迫る。もちろん付き添った家族（妻と娘）も、手術を促す。

どれくらい時間が経っただろうか、ある瞬間ふっと、ハンセン病患者の支援と治療に生涯を捧げた神谷美恵子（１９１４～１９７９）の詩の一節がわたしの心に浮かんできた。「なぜ私たちでなく、あなたが？　あなたは代わってくださったのだ。代わって人としてあらゆるものを奪われ、地獄の責め苦を悩みぬいてくださったのだ。許してください、浅く、かろく、生の海の面に浮かび漂うて、そこはかとなく神だの霊魂だのときこえ良きことばをあやつる私たちを。」（『うつわの歌』、みすず書房、１９８９）。わたしはこれまで多く苦しみの中にある人たちに同情の声をかけ、少々の支援やボランティア活動も行ってきた。しかし、心のどこかでそのような人たちの不幸と自分は関係ないと思ってきたのではなかったか。ハンディを背負う人々の多い世の中で、自分も少々のハンディを背負う側になってもよいのではないかと思い至ったのである。ようやく決心し、承諾書にサインをして、安らかな気持ちで手術室に入ることができたのは午前3時頃であった。
わたしはたわわに実った稲に囲まれ、至福感に包まれて、乾いた田んぼの土の上にあおむけに寝て青い空を見ていた。そのうち深い空のかなたからわたしに何か呼びかける声が聴こえてくるような気がした。その声は徐々に大きくなってどうやらわたしの名前を呼んでいることに気が付いた。手術担当の医師がわたしの顔を覗き込み「中井さん手術が終わりましたよ」と呼びかけていたのである。朝の7時ころであった。まだ朦朧としている意識の中で「人口肛門はつけませんでしたよ」という声も聞いた。手術中腸重積の陥没部分がひとりでに抜け出てきて、肛門の除去はかろうじて避けられたとのことであった。

手術後しばらくは自分に起こった幸運を奇跡だとか神の恩寵ではなかったかなどと幸せな気分に浸っていた。しかし、すぐに、なぜ自分は人口肛門にならなかったのか自問自答するようになった。世の中にはわたしのように手術をして、人口肛門をつけなければならなかった人も多くいることだろう。人口肛門にならなかったことを神の恩寵だとか奇跡的なことだと考えるのは、思い上がりでありハンデキャップをもった人々への侮辱になるに違いない。穏やかな気持ちで手術台に上がることができたことが、いやいや、腸重積を患ったことこそを神の恩寵や奇跡によると言って良いのではないか。「ハンディを背負う人たちに真心をもって手を差し伸べよ」、「ライフワークと定めた稲の仕事に初心に帰って精進せよ」

と改めて気づかされたのだから。（２００９年未投稿原稿）

６．初夏の大仁農場から

久しぶりに大仁農場に還ってきた。４月中旬、稲の種播きを終えた次の日、激しい腹痛に襲われて病院に駆け込み、腸重積と診断されて緊急に手術することになったことはすでに述べた。ほぼ２ヶ月の療養の後、田植が終わったばかりの初夏の農場に戻って来ることができたのである。ここかしこに咲き誇るまだ淡い紫陽花の色が目にしみた。

今年は、交配第４世代（Ｆ４）の６００系統、第3世代（Ｆ3）の6交配組み合わせ集団、収集保存している１２０品種などが植えられた。冬の間に水田を新たに造成して、農場中央の5反ばかりの区画に8枚の水田群を擁する稲育種専用の圃場がようやく完成したところである。水田に水が張られ、植えられたばかりの小さな苗たちが風にそよぐ風景はまた新たな農場の初夏の風物詩となろう。

少し離れた高台（万象台と呼ばれている）から見下ろすと、それら水田は農場の確かに中心部で水を湛え周囲の山や樹や空や雲を映して光っている。今は、さながら水鏡のようであるが、やがてそれは緑の絨毯と化し、秋には黄金色の稲穂で輝くことになるだろう。季節の移ろいとともに色とりどりの装いを見せて人の目を楽しませる水田群が、全国の幾多の志高い稲作農家と心を通わせ、自然農法に適応する品種を創造していく拠点となることが何よりも嬉しい。

わたしははやる心を抑えて田に入りそして田を巡り、苗の状態を一つひとつ観て回る。この中には必ず将来日本の農業を再生させるような宝が潜んでいるはずである。その宝を見逃すことなく的確に探し出してこなければならない。祈るおもいで稲に向き合う。いつの日か、稲と話ができるような心と目を養うことができればというのがわたしの願いであり夢である。稲の見回りの作業はもちろん収穫のときまで繰り返し続けられる。

作業を終えた夕暮れ時、田の傍らにたたずむと、広大な農場を囲む森からは遠くいろいろな鳥たちの眠りに付く前のさえずりの声が聞こえてくる。よく見ると田には無数の小さな生き物たちが動いている。何処からともなく鳥が田面に急降下してきて水の音を響かせている。今日最後の餌を探しているのだろうか。とんぼも田面を低く飛んでさかんに尾で水を打っている。この静寂の中、農場ではぐくまれたあらゆる生命（いのち）が密やかに躍動し振動してわたしの身体に伝わってくるようである。

大仁農場は、長い時間をかけて人と自然が互いに働きあい共生して創られてきた豊かな生命の場であることが特に手術後の繊細になっているわたしの心身にはよく感じられる。「人間が自然と和解するとき、人間の魂は再び輝き始めるだろう」（レイチェル・カーソン、『沈黙の春』、１９６２年）。こんな先達の言葉が蘇ってくる場でもある。確かに、自然農法は人の魂を輝かせる農法であるにちがいない。（２００９年８月号）

７．黄金に輝く稲穂の国

マルコ・ポーロ（１２５４～１３２４）の旅行記として知られる『東方見聞録』において、日本は黄金の国ジパングとして紹介されている。それは西洋の人々の心を刺激して、大航海時代の幕開けのきっかけになったともいわれている。当時、日本は金山の開発が盛んで世界でも類を見ない金の産出国であったそうである。金を随所に施した華麗な建造物などを見て、それが大げさに伝わったのかもしれない。実は、マルコ・ポーロは日本に立ち寄っておらず、風聞と想像によってそれは書かれたらしい。一説には、稲が黄金色に輝く日本の秋のイメージが金と重なって伝えられたのだろうともいう。

黄金色の稲穂が波打ち、青い空を赤とんぼの大群が飛翔する風景は時代を超えて永く日本人の心を捕らえてきたに違いない。日本は古来、「豊葦原の瑞穂の国」とも「秋津（トンボの古名）の島」とも謳われてきたが、それらは、とりもなおさず「黄金に輝く稲穂の国」ということになるだろう。しかし、その秋を彩る稲穂に昔ほどの輝きがないと農家の古老たちからたびたび聞かされるようになって久しい。そういえば、赤とんぼが群れを成して雄飛する光景はもうとっくに見られない。せめて、古老たちの証言を科学的に検証し、その原因を探ることはできないかと思い立ってある小さな実験を行ってみたのである。

わたしたちは自然と慣行の両農法で栽培した稲の種々の品種について、収穫直後の籾の色を測色色差計（日本電色工業株式会社製）なる機械を用いて測定した。その計測器は元々花色を評価するのに使用されており、赤や黄あるいは明るさを測定するのに適している。ここでは、籾の熟色度を最も端的にあらわす明度（明るさの程度）の結果について述べる。先ず、籾の明度は品種によって明らかな違いが認められ、それは遺伝子によって影響されていることが示唆された。しかし、最も注目すべき結果は、用いた品種の約８０％が自然農法でより高い値を示したことである。このことは、自然農法で栽培すれば収穫時の稲穂はより輝きを増す可能性があることを物語っている。

稲籾が明るいということは何を意味するのだろうか。なお予測の段階であるが、それは自然農法稲の生命力の強さと関係があるのではないかと考えている。ひるがえって、このところ全体的に日本人の顔色が悪いのではないかという指摘をよく耳にする。経済大国、長寿国ともてはやされながら、一方で自殺者が年間３万人を超えるという事態を考えるとこの指摘は当たっていなくもない。古老たちの稲穂に関する証言はそのまま日本人の顔色にもあてはまることになる。黄金の国ジパングとは、秋晴れの稲穂とつつましく生きる人々の顔の輝きそのものではなかったかと、わたしは遥か遠い日本の風景を夢想し、また現実に戻ってくる。自然農法は稲のみではなく人の顔色をも輝かせる確かなひとつの道になると思うのである。（２００９年９月号）

8．食卓の風景

腸の手術後３カ月ほど過ぎているが、腸の機能はまだ十分には回復していない。食事にはなお細心の注意を要する状態である。食べ物や食べ方によってわたしの身体は敏感に反応する。肉や魚は、心身ともに受け付けない。好きだったお酒も今は全く欲しいと思わない。食品添加剤にも容易に拒絶反応を示す。また、よく噛んで、心静かに食べなければならない。食べることの厳粛さを身に染みて思い知らされている。

しかし、健康が回復すれば、このむしろ異常な感性や経験はすぐに消え去ってしまうに違いない。他の生き物のいのちを摂り、自分のいのちとする、食べるという行為が厳粛であるということは至極当たり前のはずである。だからこそ、料理法も含めた「食べる形」が必要になってくるのだろうと遅まきながら気づくことになった。その食べる形こそが、他者のいのちを自らのものとし、心身の健康を保つ最良の業となるはずである。

曹洞宗の開祖、道元禅師の生涯を描いた『禅』（高橋伴明監督、中村勘九郎主演、２００９年）という映画を観る機会があった。その中で、僧たちが僧堂に会して祈りとともに厳かに食事をする端正な姿がとても印象に残った。そして、料理をすること、食べることが最も重要な修行のひとつであるとこの映画は語っていた。そのいきさつは、道元禅師の著書『典座経典《てんぞきょうてん》』、『赴粥飯法《ふしゅくはんぽう》』に詳しい。

幼い日、親や祖父母に躾けられていた食事の作法は禅僧の影響を受けていたのだということも知った。昭和２０年代の我が家の丸い卓袱台（ちゃぶだい）を囲む食卓の風景が思い出されてくる。赤子を含めて兄弟５人、父母、祖父母と叔母の合計１０人家族。二つの卓袱台《ちゃぶだい》を並べての食事であった。食事中はみな正座でなければならない。黙って静かに食べる。食べ物を口に入れたら音を立てない。きょろきょろと目を動かさない。箸を持ったままやたら手を動かさない。食事が終わったら、「おゆすぎ」といって茶碗にお茶を入れてのむ。茶碗をきれいにするためである。もちろん、食前、食後の「いただきます」、と「ごちそうさま」の挨拶は欠かさない。ちなみに、わたしの故郷は曹洞宗の本山、永平寺を擁する福井県にある。いずれにせよ、上に述べた幼い日のわが家の食事風景は全国でふつうにみられたものであったろう。

「失って初めて気づく大切さ家族そろって囲む食卓」（２００7年駿府学園カレンダー）。

これは、わたしが講話を担当しているある少年院の少年の短歌である。罪を犯して少年院に送致される少年の後悔と絶望感に打ちひしがれる心情をよく表していて心打たれる。家族とともに囲んだ食卓は少年の人生の原風景であったにちがいない。その食卓にどのような食べる形があったのか知る由もない。しかし、食べ物、すなわちいのちを家族と分け合う食卓の経験をしているこの少年は幸いだったといえるかもしれない。家族と囲んだ食卓の経験は、少年を更生させる貴重な人生の糧となるだろう。この短歌は少年の祈りであると思う。

ひるがえって、日本から食卓の風景が揺らぎ遠くなりつつあると言われて久しい。子供の孤食の問題も当初は経済優先に傾いた社会の一つの矛盾の現れと捉えられたが、このところ日本社会に忍び込んできた貧困の問題と密接にかかわるようになってきた。２０１２年に一人の主婦によって始められたという「子供食堂」の活動も全国的に広がっているが、それはとりもなおさず食卓の風景のゆがみの深刻さを象徴するものであるだろう。わたしには揺らぐ食卓の風景の向こうに７０％の食べ物を外国から輸入し、そのほぼ3割の２０００万トンを捨てている日本の現状も透けて見える。自ら作らずに飽食の奇妙な現象の只中にわたしたち日本人は立っているのである。(２００9年１０月号)(２０２１年一部加筆)

9．自然農法で収量を上げる

自然農法の最大の課題は、収量性の確保にあると考えている。自然農法に限らず、作物の「収量性」は農業における普遍的かつ最重要の課題である。いきおい、それは最高の育種目標ともなる。しかし、このところ飽食の社会風潮の中で、農学に関わる者たちから収量性への意識がとみに薄れつつあるのではないかと感じている。日本人の主食である米が余る、ということもそれを助長する要因であろう。国の農業政策に現場の農家や研究者たちが翻弄されるのも至極当然のことである。ちなみに、国が進めている稲の育種目標の筆頭に「極良食味」があげられていると聞く。

実は、「収量性」の農学的意味は広くて深い。それには、当然のことながら、収益性も重要な要因として内包される。しかし、今、わたしの念頭にあるのは、狭義の収量性つまり単位面積あたりの収穫量のことである。自然農法ではこの収量性が著しく劣ると指摘され、永く問題視され続けてきた。わたしが目指しているのは、自然農法における稲の収量性を育種によって上げていくことである、とは度々述べてきた。ここでは、収量性について行った実験の一端を示しておきたいのである。

やはり中村さんの自然農法水田（長野県飯島町）で栽培した稲の５２品種（在来品種３１、近代品種２１）について、それらの籾収量を慣行農法の場合と比較してみた（１９９３年）。この場合、籾収量は、各品種の平方メートル当りの籾重から推定したものである。その結果は、コシヒカリなどの近代品種では平均３０％、江戸や明治時代から伝わる日本の在来品種では２０％の収量減となった。予想どおり、自然農法での収量の低下が確かめられたことになる。また、この結果からは、自然農法では、長稈、長穂、少茎（穂）の草型（穂重型）を示す在来品種の方が、短稈、短穂、多茎（穂数型）の近代品種より適応し易いだろうことが示唆される。自然農法に適応する一般的な稲の姿が浮かび上がってきたのである。

もうひとつこの実験で注目されたことは、自然農法でも慣行農法と同等かまたはそれを上回る品種が存在したという事実である。このことは、自然農法に適応する固有の品種があり、品種を的確に選ぶことによって自然農法においても収量を確保する可能性があることを示している。現在、大仁農場を拠点にして、全国的に展開している稲の品種改良事業は、この仮説に基づいて行っているといってよい。

地球上の飢餓人口は１０億人に及ぶといわれて久しい。その日の食事にこと欠くような極貧人口は３０億人とも言われている。一方、年間の土壌流失（砂漠化）面積は日本の全耕地面積（約４７０万ヘクタール）をはるかに超える６００万ヘクタールと伝えられている（国連環境計画、２００７年）。わたしたちは、この現実から目をそらしてはならない。「自然農法で収量を上げる」試みは、人類最大の問題に立ち向かう確かな道であると信じている。（２００９年１１月号）

10．ナザレ園に響いた「故郷」の歌

２００８年の秋(*)、わたしはある小さなボランティア団体（日本福音ルーテル教会関係のデアコニア全国ネットワーク）に連なって、韓国慶州市の郊外に建つ「ナザレ園」を訪ねた。そこには、太平洋戦争中に韓国の男性と結婚して異国に渡り、今は身寄りなく年老いたいわゆる日本人妻たち２０名ほどが、人生最後の日々を送っている。終戦後も朝鮮動乱など混迷の社会情勢の中で夫や家族を失って人生の辛酸をなめつくしてたどり着いたのがその終の棲家である。

「ナザレ園」は、１９７２年に韓国の金龍成牧師（１９１９～２００３）によって開設された。牧師は、植民地時代、父親を日本軍部の手によって奪われた恩讐を超えて、行き場を失った日本人妻たちに温かな手を差し伸べたのである。「ナザレ園」が、イエス・キリストが育った故郷、ナザレに因んでいることは言うに及ばない。

その日、ナザレ園の一角に位置する教会堂で午後の礼拝に臨む年老いた日本人女性たちと初の対面をした。教会堂は秋の柔らかな日差しがいっぱいに射し込んでいて明るかった。ともに礼拝をした後にしばし交流の時をもち、名残尽きぬままに別れの賛美歌を歌うことになった。ところが、その賛美歌を歌い終わるや否や、彼女たちとわたしらいずれからともなく、あの唱歌「故郷」が湧き上がってきて大合唱となったのである。

その三番「こころざしをはたしていつの日にか帰らん」まで来るともう胸がいっぱいになって声がつまった。彼女たちの瞳からも涙があふれ出て止まらないようであった。

「志を果たして故郷に帰る」とは立身出世をしてあるいは仕事に成功して故郷に錦を飾ると一般的には解釈される。しかし、この志は、心豊かな人生を生き切る意や、真理を求めて生きるそれと理解してもよい。そのように生き抜いて神の国、天国という故郷に帰るという理解も可能である。「故郷」の作曲者、岡野貞一（１８７１〜１９４１）は、生涯をキリスト教の信仰に捧げた人でもあった。日本の近代音楽の基礎を築いたとされる彼は、音楽活動のかたわら教会礼拝のオルガン奏者を４０年以上にわたって務めてもいた。この歌には、深い信仰へのおもいが響いているといっても不思議ではない。

「韓国の土にはなっても、魂は必ず日本のふるさとに帰る」という彼女らの篤い言葉を幾度も交わりの時間の中で聴いた。人生の最晩年を日々教会堂で神に祈る心穏やかな暮らしを送りながら、なお、故郷、日本の里への望郷の念を抑えがたい彼女たちの心情の前にたじろぐばかりであった。山も川もすっかり汚れてしまった日本に彼女たちが夢見、帰る故郷はあるのだろうかとの疑念も抑えがたい。しかし、今、わたしの心をよぎるのは、涙しながら一緒に「故郷」を歌っていた時、年老いた日本人妻たちが望んでいたのは日本より遥かに遠く美しい国、神の国ではなかったかということである。（２００９年１２月号）

＊ナザレ園訪問から１０年が過ぎた。現在、９０代後半から１００歳を越えた３、４人の日本人妻が全員寝たきりの状態で当園におられると、風の便りに聞いている。

１１．頭寒足熱

最近、身体を、特に下半身を温めると免疫力が増して癌にも罹りにくくなる、といった内容の本が多く発売されてブームとなっている。薬に依存する現代医療のありようへのひとつの警告でもあるだろう。常に体を冷やす生活環境の中にわたしたちが生きていることは確かなようだ。季節を問わずビールやアイスクリームなど冷たい飲み物を摂るのはもはや日常茶飯事となっている。室内にあっては、冬は暖房で暖かい空気は上に移動し、下部の温度は相対的に低下して下半身が冷やされる。一方、夏は冷房によって、冷たい空気は下にとどまってやはり下半身が冷やされる。昔より大切な養生訓として伝えられてきた「頭寒足熱」とは全く反対の生活をしていることになる。

わたしたちは、自然農法の研究において、常に田の土の温度を測定してきた。例えば、１９９３年の長野における自然と慣行農法水田の深さ１０㎝での土壌温度のデータを見ると、特に、出穂期の一ヶ月前あたりから収穫期まで、自然農法の土壌温度は日々1～3℃ほど高く推移している。その差の影響は、稲の一生に累積して与える効果を考えれば、予想をはるかに超えて大きいはずである。それは、自然農法の稲があの大冷害のさなかに凛として実っていた重要な要因のひとつであるにちがいない。

土壌の温度が高ければ、そこに根付く稲の体温もまた高くなるだろう。稲の体温を測定してみようと思い立ったわけである。稲の体温は、人間や哺乳動物のように一定ではなく、気温や環境の影響を受けやすい。細心の注意を払いながら、自然と慣行の両農法区で、放射温度計（タスコジャパンＴＨ１５００１）を使用して、６品種の稲葉鞘基部の温度を何回も反復して測定した（１９９３年7月、８月）。その結果は予想どおり、いずれの品種においても、自然農法稲の体温が高くなった。

これらの実験から、自然農法の土壌温度と稲の体温はともに、慣行農法に比べて高くなることが確かめられた。自然農法の稲が、寒さや病害虫などに強く健康に育つのは、これまで多くの場面で実証されてきたが、その要因のひとつがこれら土壌や体温の高さにあることは確かだろう。

ある時、この実験データに対して、自然農法の土の温度が上がったというより、慣行農法のそれが下がったと考えたほうがよいという指摘を受けたことがある。確かに、農薬や化学肥料の多用によって土壌の温度が低下していると考えてもよい。それは、過度の化学物質の摂取や生活習慣によって、人間の体温が低下している傾向にあることと符合してもいる。地球の温暖化というが、それは大気圏の話であって、地球・土そのものの温度は少なくとも農業生態系にあっては低下していると言えるのではないか。

自然農法が地球と人間を再生させる業であることを、再確認する時である。（２０１０年1月号）

二・自然と分け合う

１２．自然と分け合う

稲の収穫を終えて、紅葉が燃える晩秋の季節を迎えている。大仁農場に滞在する間、海抜６００ｍの農場敷地の端に建つ研修センターに宿泊している(*)。そこから山道に入って、天城連山を遠くに望みながら実験水田へと下りていくのがわたしの朝の日課となっている。その道すがら、真っ赤なもみじに出合いその美しさに心打たれて、その場を立ち去り難くなることが多い。それは、地球の奥深くから湧き上がってくるいのちの化身のようにも見える。また、そこには、いのちや自然の源でもあろう神の臨在すらうすうすと感じられるのである。古希を迎えた歳のせいなのか、あるいは、この春手術をした心身の後遺症のせいなのかと、自分自身をいぶかったりもしている。

農場の中央に位置する、ほぼ五反ばかりの水田の真ん中に、今年は鯉のぼりを泳がせた。収穫期の雀の害を防ぐためである。大きな目玉を持ち、風を孕ませて自在に翻る鯉のぼりを雀たちが恐れ、近寄らないことを期待してのことである。今年に限って言えば、その効果は十分にあった。しかし、長い間、風雨にさらされた鯉のぼりが、縫い目から真二つに裂けて、惨めな姿になるや、雀たちは群をなして飛来し、今は刈り残した稲の籾を心ゆくまでついばんでいる。

利用できる収穫物は全部頂戴し、その他の植物残渣は土に返す。これは自然農法における一つの共通的な技術である。しかし、自然農法実施農家の中には、雀の害など意に介さず、放任する人もいる。雀すなわち自然とも分け合うという訳である。収穫物の２割ほどは食べずにそのまま土に返す、という人に出会って驚いたこともある。

道元禅師の代表的な著書の一つ『赴粥飯法《ふしゅくはんぼう》』の中に、修行僧たちが僧堂に集まって食事を始める前に、いくらかの飯粒を取り除き、食べ終わったらそれらを集めて庭に置き鳥たちに与えるという話がある。古来より、洋の東西を問わず、人々は初めての収穫物は先ず神前に献げることを習慣としてきた。いつしか、それは単なる儀式となり、やがてそれも特別な場合を除いて姿を消しつつある。初物を献げる行為は、本来、鳥たちや土、すなわち自然と分け合う素朴ないのちの営みではなかったかと思う。

近代農業技術は格段に進化し、収穫量も飛躍的に増加している一方で、飢餓人口は逆に増え続けるという奇妙な世界にわたしたちは生きている。その飢餓もすぐに飽食のわたしたちの足元を襲ってくるはずだ。わたしたちには、今、自然農法の技術をさらに磨きながら、自然と共生する自然農法の思想あるいは哲学的意味を探り、生活に生かしていくことが求められているのではないか。人は、自然と分け合ってこそ他者ともより良く分け合う生き方が生まれてくるのだろうと考えている。（２０１０年２月号）

＊２００５年から２００７年の３年間は大仁農場北側最上方に建っている研修センターに宿泊していた。２００８年からは農場南端麓に在る学生寮に宿泊して今日に至っている。

13．一品ばかりを植えるべからず

「農人は稲の数、早稲より遅稲まで十四五種二十品も作るべし。左あれば才《とし》の気候によりて遅速の豊凶、或は風難水難にも品多く作れば、五品は災いに懸かりても、五品は遁るるあり。一概に一品計《ばかり》を作るべからず。是昔より老農の言伝えし事なり。」（宮永正運、『私家農業談』、1788）。江戸時代の天明8年に越中（富山）のある篤農家によって書かれたものである。ひとつの品種ばかりではなく、なるべく多くの多様な品種を植えることを勧めている。そのようにすれば、気候の変動や災害にも耐えうる安定した稲作が可能となると言っているのである。

これが著された時期は、江戸時代における三大飢饉（享保・1732年、天明・1782年、天保・1833年）のひとつといわれる天明の飢饉（天明3年）のすぐ後の頃である。飢饉の余波はまだ色濃く残っていたに違いない。東北地方の冷害や浅間山の大噴火などの災害によって生じた大飢饉は東北から関東地方に及び、餓死者は90数万人に上ったという。当時の人口は2700万人ほどだったというからその惨状の大きさは想像を絶するものであろう。後世の史家たちは、この飢饉は天災によって生じたいわゆる天災型とし、それに対して、例えば江戸末期に生じた天保の飢饉などは人災・天災の複合型と類別している。しかし、空前絶後といわれたこの天明の飢饉が、天災型とのみ言い切れるかどうかについては疑問が残る。かの篤農家は、なお品種の重要さを認識していない当時の農民に対して警告を発していたのではなかったかと思うのである。

翻って、１９９３年、東北地方を襲った今も記憶に新しい大冷害は、偏った単一品種の栽培がその主要因のひとつであったといわれている。その時、北海道、青森県、岩手県は、平年収量を１００としてみる作況指数がそれぞれ４０、２８、３０と日本の冷害史上類を見ないほどの低さだったとされるが、いずれの場合も1~3の品種が全稲作面積のほぼ８０％を占めていたのである。このような、品種の画一化の傾向はその後も止まるところをしらない。コシヒカリはまだ全国平均で４０％近くの耕作面積を占めており、2~3品種のみが奨励され栽培されている県が多い。この傾向は日本に限ったことではないが、そこには限りなく工業化され、合理化されて、行き着いたひとつの農業の姿がある。

広域適応性の少数の品種が世界を席巻し、穀物収量を飛躍的に増加させたとされる「緑の革命」は、一方、地域に伝わる作物品種（在来種）とともに伝統的な農業技術を失わせ、果ては地域環境を著しく悪化させたことは周知のことである。多彩な在来の品種や伝統的農業技術の導入等を含め農業生態系に多様性を取り戻すことこそが今切に望まれることである。それが、自然の摂理に沿う「自然農法」の理にも適うのである。（２０１０年3月号）

14. 稲のいのち、人のいのち

わたしが、思いがけず、社会福祉法人『静岡いのちの電話』の理事長を引き受けることになって10年目を迎えている。丁度この年2019年8月1日で当いのちの電話は創立20周年の節を迎えるところである。「いのちの電話」は、電話をとおして、苦しみ悲しむ、生きる意欲を失った人の声（心）に聴き、その人たちが再び生きる意欲を取り戻してもらう手助けの役割を担っている。1953年、イギリス国教会の牧師、チャド・バラーが始めた組織『サマリタンズ』に端を発する。牧師はある少女の自殺に遭遇し、なぜ彼女を助けることができなかったかと後悔と悲しみの末に思い付いたのが、電話による相談によって自殺を防止する試み「いのちの電話」であった。その後またたく間に世界中に広まり、現在は150か国で「いのちの電話」活動が展開されている。

日本では、1971年、ドイツから派遣されていた宣教師、ヘッド・カンプ女史の提唱によって東京で開始された。女史の発案に対し周囲の反応は鈍く、その実現には多くの困難がともなったようである。その時、美智子皇太子妃（当時）が女史の相談相手になりその実現に大きな役割を果たしたことを記しておこう。そのことは、2011年に開催された東京いのちの電話40周年記念式典に参加して知ることになった。式典、祝賀会とも美智子皇后（当時）は最後まで出席され、懇親会では多数の参加者と親しく会話を交される姿が印象的である。ヘッド・カンプ女史もドイツから当式典、祝賀会に参加され元気な姿を見せていた。

日本では現在全国で５０センターが活動している。そのうち半数の２５センターは３６５日休みなく日々２４時間の相談活動を続けている。わたしたち後発の静岡いのちの電話は、９０人ほどの相談員で年間休みなく活動を続けているが、一日の相談時間は１２時から２１時までの９時間にとどまっている。１か月に１日は２４時間相談を実施しているが、いずれ３６５日とも１日２４時間相談の実現を願っている。相談活動はいずれも素人のボランティアによって行われているのが「いのちの電話」活動の特徴である。しかし、相談員になるためには、１年半から2年間の厳密な研修を受け認定されなければならない。

相談員には、その仕事の性質上、厳密な守秘義務が課せられている。相談員と名乗ることができないのである。交通費、研修費など経済的支援は全くない。昼夜を問わず一人で電話をとおして苦しむ人の心に寄り添う。究極のボランティアと呼ばれる所以である。相談者の発する言葉に傷つくことも多い。全国の相談員は６２００人ほど（２０１８年現在）であるが、このところ相談員数はかなり減少傾向にある。人の苦しみに寄り添う志を維持して活動を続けるための相談員のケアも重要な課題として取り上げられるこの頃である。その一環として、いのちの電話メンバーの有志にわたしが主宰する清沢塾・棚田の稲作りに参加してもらうようになって10年ほどが過ぎている。

その最初の頃の印象である。メンバーはほとんど田植えの経験がなかった。しかし、メンバーが植えた部分の稲は他に比べて明らかに生育が良いことに気付いた。田植時には大学、高校、中学をはじめ、いろいろな団体が参加しているので稲の生長の様子を比較するのは容易である。人のいのちに寄り添う心が、稲にも通じたかと、正直そのように思った。しかし、これではおとぎ話の世界にとどまることになる。田植後の稲の様子などよく観察した結果、彼らは一つひとつの苗を丁寧に植えていることが分かった。いのちの電話のメンバーが植えた苗は良く育つというジンクスは今も大きくは崩れていない。これも、究極のボランティアによってもたらされるひとつの恵みであるだろう。

日本人に自殺者が多いのは何故なのか？　一般に取り扱われることの少ない話題であるが現代日本社会において無視できない重要問題であると思っている。1998年から2011年まで14年間自殺者は年間3万人を超えたことは周知のことである。2012年からは3万人を切り、それ以降減少して2018年は2万598人になっている。しかし、現在なお自殺率（10万人あたりの自殺者数）は16．8であり、先進国ではトップクラスである。最近は若年層の自殺率の高さが社会問題になりつつある。10代前半の自殺率18．4は先進諸国（ドイツ7．7、イギリス6．6、イタリア4．8、フランス8．3、アメリカ13．3）（2018年版厚労省白書）に比べて明らかに高くなっている。

自殺率の国際比較は毎年ＷＨＯなどによって取りまとめられる。年度による若干の変動はあるが、この数年ほどの動向をみると、最も高いのが韓国・北朝鮮、続いてロシアを含め、旧ソ連領から独立したいくつかの東欧諸国が多く、その次に日本が続くという傾向がある。自殺の原因として、最も多いのが精神疾患を含めた健康問題である。経済状態もひとつの自殺の原因になっているが、大きな要因ではない。国のＧＤＰと自殺率には余り相関関係はなさそうである。ＧＤＰ（国内総生産）が低く特に最近経済不況と話題になったイタリアやギリシャの自殺率は低い。ＧＤＰの高い日本や韓国の自殺率が高いことは上に示したとおりである。ある時、わたしの講演で、基礎資料として農薬使用量や食料自給率や自殺率の国際比較を示したところ、ある受講生から、自殺率は農業事情とも関係があるのではないかと指摘されたことがある。農業事情はすなわち食べ物の事情でもある。日本や韓国は極端に農薬使用量が高く、また、食料自給率も低い。食べ物が健康に及ぼす影響が大きいことは確かだろう。いのちの問題を考える時、食の問題を視野に入れることは必須のことであると考えている。（２０１０年４月号）

15．身土不二

「身土不二《しんどふに》」は、古くから、人が住むその土地で作られる旬の食べ物を正しく摂ることによって健康を保つことができるという大切な養生訓として人口に膾炙されてきた。今、盛んに喧伝されている「地産地消」の本来の意味と考えればよい。その出典は、中国の仏教書『櫨山蓮宗宝鑑』（普度法師編、１３０５年）とされている（『身土不二の探求』、山下惣一、１９９８年）。仏教的真意はなお不明であるが、それは、文字通り解釈すれば、身体と土とは不二のもの、ということになるだろう。いずれにせよ、この語には、人間や動植物、果ては土や石などの無生物まで、この世に存在するあらゆるものは互いに繋がり合って生命を廻らせている、という仏教的思想（空海、『即身成仏儀』）が反映されていることは確かである。

自然農法は、「自然の摂理に沿い、土本来の力を活かす農法」と定義される。土、植物、動物、人間そしてまた土へと廻るいのちの循環の中で、その要となる土が持つ機能を十分に発揮させる農法ともいえる。土が健康であれば、その健全ないのちは植物、動物を廻って人間に及ぶ。すなわち、土が人間の健康を創る、という理に基づいていることは明らかである。土が弱れば、人間の心身もまた弱体化することは言うに及ばない。しかも、このいのちの循環を壊すのは人間自身である。

わたしは、かつて、『食品成分表』の初版（昭和２６年）から5訂版（平成7年）までの野菜の栄養価の比較を行い、それが時の経過と共に著しく減少していることを見出して驚いたことがある。例えば、トマト、ホウレンソウなど主要野菜１２品目のビタミンAとCの平均含量は、昭和２０年代と比べて現在は、確実に半分以下に減少している（中井、２００８年放送大学講義資料）。その主な要因は、農薬や化学肥料に依存するいわゆる近代農業技術による土壌の疲弊にあることに間違いはあるまい。また、夏作のホウレンソウのビタミンC含量は旬の冬作に比べて三分の一になるという報告も複数例ある。

日本で自殺者が１２年連続で年間３万人を超えていることは周知のことである。これは日本人全体の生命力が低下している象徴的な事象といえるだろう。その原因は複雑多様であるに違いない。しかし、このいのちの危機は、食糧自給率の極端な低さや貧しい農業の現実に見られるように、生きた土壌を基盤として、自らが生き物といういのちを育て、食べるという生きる基本から遠く逸脱したところから生じてきたことは自明のことである。わたしたちは、自然農法が単に安全な食べ物を作るひとつの農業技術というのではなく、「食べることは生きること」とも説く「身土不二」の世界を真に具現化し、人間の心身や魂を輝かせる業であることに思いを致す時機にいる。（２０１０年５・６月号）

１６．人との出合いから自然農法へ

自然農法と初めて出合ったのは、今から３０年以上前の３０代おわりのことである。当時わたしは静岡大学宿舎の３階に住んでいた。わたしたちの真下に住む、まだ幼い娘の友達Ｎちゃん（男の子）が白血病に罹ったことがあって、その父親の教え子の母親である鈴木克枝さんが新鮮な野菜などを持って度々お見舞いに訪れていた。しかし、その子が入院中ということもあって、家は留守勝ちで、お見舞い品を１階上のわたしの家に預けていくことが多かった。そんなことで鈴木さんとも知り合ううち、お見舞いの野菜は自然農法で作られたものであることを知る。それに興味を示したわたしに、鈴木さんは当時静岡県で自然農法を実施していた何軒かの農家を紹介してくださったのである。

明るい夏の日であった。初めて自然農法で野菜を栽培する現場に立ち会った時の衝撃を忘れることができない。農薬、化学肥料はまったく使用しない上に、耕さず、与える肥料は刈り取った草のみで、野菜たちは見事に育っていたのである。異次元の世界に遭遇して、わたしは、驚きながらいたく心揺さぶられ希望の予感に満たされた。その頃、わたしは京都大学の原子炉で稲の種子に熱中性子を照射し、稲白葉枯病抵抗性の突然変異を誘発する研究を行っていた。稲の栽培に農薬や化学肥料は当然のように使用していたものである。しかも、その研究成果は国際的に評価され始めており、国際原子力機関（ＩＡ

ＥＡ）の派遣専門家としても海外で活動を展開していた。

いつしか、自然農法を科学の土俵の上で検証してみたいと思うようになっていた。それが実現するまでにはなお十数年の月日を要したが、その経緯についてはすでに本欄で述べている。なぜ研究の方向を１８０度転換したのかとはよく訊かれることである。今は、人との出合い、あるいは「ご縁」とでも答えておこう。娘の幼友達、不治の病で世を去ったＮちゃんと出合わなければ自然農法研究をライフワークと定めて生きる今のわたしはない。また、自然農法の野菜をＮちゃんに届け続けた鈴木さんの真心がなければやはり今のわたしはない。

自然農法を提唱した岡田茂吉師がいなければ、もちろん、今のわたしはありようはずがない。科学は、仮説を立て、それを実験や論理によって実証していく作業である。そうであるならば、自然農法研究に限っていえば、わたし自身科学を行っているとは言い難い。「自然農法」という確固たる仮説（道筋といってもよい）はすでに確立されているからである。しかし、わたしは、いのちの論理ともいえる「自然農法」を検証しながら、それを社会に伝えていく役割が与えられていることに喜びを感じている。（２０１０年７・８月号）

１７．戦争と食べものの記憶

太平洋戦争の終わりを告げる玉音放送を、父の田舎の生家で、大人たちに混じって聞いたのは小学校に入学する前年の暑い夏の日ことである。当時わたしは幼稚園児であった。大人たちがラジオを囲んで神妙に座る最初の場面から、雑音にいらだちながらようやく敗戦を悟り沈痛な雰囲気に包まれるまでのそのときの光景を鮮明に思い起こすことができる。子供心に不安な気持ちに襲われて、いたたまれず戸外に飛び出し仰ぎ見た青い空のことも忘れることができない。

やはり、ぞろぞろと家を出てきた大人たちの中から、思いがけず聞いた「もうこれで空襲もなくなる」といった安堵の呟きは、今も耳の奥から聞こえてくるように記憶している。必勝を信じていた戦争に負けた瞬間の沈痛な空気から降って湧いたようなこの言葉をよほど不思議な気持ちで聞いたのだろう。この呟きはすべての国民の「もう戦争はいやだ」という心の底から湧き出でた実感であったのだと、今はよく理解できる。「戦争は絶対しない」という不戦の誓いを謳う日本国憲法が公布されたのはそれから一年ほど後のことである。

その終戦の日から１か月ほど前の７月１９日、わたしが当時住んでいた鯖江町（現鯖江市）の北方１５㎞ばかりの福井市が大空襲に見舞われていた。真夜中に両親からたたき起こされて、闇を引き裂くように鳴り響く空襲警報の中、頭上を低く飛来するＢ２９の大群をあおぎ見ながら、家族ともども必死に近くの山に逃げ込んだ。山中の頂で草葉に身を潜め夜露に濡れながら、赤々と炎上する隣町の上空を恐怖に震え凝視していた。爆弾の投下と共にどす黒い噴煙がいくつも赤い空を覆う。そのどす黒い噴煙はどれもわが家で飼っていた山羊の形になり、最後はその形が壊れ消えていく。ぼくの山羊が爆弾によって死んでしまった、と妙に確信し涙にくれた記憶も鮮明である。その前日に、父が大切に育てていた山羊が福井方面の誰かにもらわれていった出来事があり、軽トラックの荷台に積まれて去っていく山羊の姿が幼い心に悲しみと共に残っていたのである。

爆撃を終えて帰還する何機かのＢ２９の編隊からは山中に身を隠すわたしたちの頭上にも絶えず爆弾を投下していく。永く、わたしは、あの爆弾投下を、戯れに行った行為と恨みにも思っていたが、最近ある人から、それは、爆撃で使い残した爆弾を単に山中に捨てただけのことであると知らされ納得した。現在世界を覆う、大量生産、大量消費の経済の仕組みの究極的な姿が戦争であることを思い知ったのである。

記録によると、福井（当時人口約１０万人）大空襲は、午後１１時２４分から０時４５分にかけて、Ｂ２９、１２７機が爆撃、１０万発の焼夷弾を投下し、死者１５７６人、負傷者６５２７人（１０８人後死亡）、市街地損壊率８４．８％の被害をもたらした。

遠く幼い日々の出来事ながら、戦争体験については、いろいろと脳裏に焼きついて離れないことが多い。空腹の経験もまた特記すべきもののひとつである。当時、小学校の校庭は、いずれも芋や野菜畑に化けていた。これは、一地方で幼いわたしが目撃した光景であるが、この淋しく奇妙な風景は多分食べ物に事欠き疲弊し切っていた日本全体に広がっていたものと思われる。この頃、白いご飯が食べられることはなかった。ご飯の中には大根やその葉、芋や豆がいっぱいに混ざっていた。薄いみそ汁の中には小麦粉をこねた団子が入っていた。自宅の小さな庭にはカボチャやサツマイモなどがいっぱいに植えられていた。今は確かめる術はないが、可愛がっていた山羊が人にもらわれていったのは、あるいは米などと交換したためではなかったかと想像している。戦後、わが国が国を挙げて食糧増産に取り組んだのは当然の成り行きであっただろう。

『主は国々の争いを裁き、多くの民を戒められる。彼らは剣を打ち直して鋤とし、槍を打ち直して鎌とする。国は国に向かって剣を上げずもはや戦うことを学ばない。』(イザヤ書2章4節)と、わたしがクリスチャンとして日ごろ親しむ聖書は言う。日本は、剣や槍を打ち直して鋤や鎌としたはずであったが、いつの頃からか気がつけば農業は衰退の一途をたどっていたということである。戦中戦後にかけてわたしたち日本人は平和の大切さ、食べものの大切さを骨の髄まで感じ取った歴史的経験を持つ。ささやかながら戦争の経験をしたわたしは平和と食べものの大切さを訴えて人生最後の道程を生きる責任がある

と思っている。（2010年9・10月号）

18．自然農法水田に風の道

稲が青々と茂る7月上旬のころだったと思う。梅雨の晴れ間の明るい日、岡山県のある自然農法農家の水田を見学したことがある。稲の茎数が最高になる最高分蘖《ぶんげつ》期を迎えた稲の葉は、白い積乱雲を抱く遠い山並みの方向から渡ってくる風にゆれて葉擦れの快い音を立てていた。すぐに、所々植えられていない列があって、その部分は田水が陽の光を直接反射してきらきら光っているのに気がついた。不思議に思って尋ねると、水田に風の道を作っているのだという。日本の伝統的家屋には風が吹き抜けるように風の道をしつらえるということは知っていた。しかし、水田に風の道、という話は聞いたことがない。そのようにして、水田全体に根元まで風がよく通るようにすることで稲が元気に育ち収量も上がるのだそうである。

多肥、密植、深耕が、近代稲作の基本であることは周知のことである。深耕は別にして、多肥、密植は今も普通の稲作に受け継がれている手法である。田んぼの少しの空間も無駄にしたくないのは、稲を作る農家に共通の心情に違いない。多肥、密植によって病虫害が出やすくなることは常識であるが、そこは農薬の多用で補うのがいわゆる近代農業技術の真骨頂である。永く稲作研究に従事してきたわたしの意識には、そのような常識が宿っているのも確かである。それ故に、風の道のある水田の風景にはいたく驚き、そして心打たれたのである。

かつて、わたしは、国連の機関が支援して建てた、バングラディシュの近代的なクーラー完備の研究所で働いたことがある。近代的といいながら、しかし、度々、しかも長時間の停電が起こり、そのたびに建物内は蒸し風呂と化し仕事にならず、全員が屋外に脱出して風に当たらなければならなかった。一方、現地職員の竹で編んだ質素な住居は風がよく通り蒸し暑さに苦しむことはない。時々彼らの自宅に招待されそのことを実感することができた。当研究所が停電になるたびに、わたしは現地の風土や生活習慣を無視した海外援助の不合理さを感じたものである。しかし、それは海外援助の話のみではなく、建物や都市空間など、すなわちわたしたち自身の生活空間からいかに風の道が失われているかを思い知らされる。もちろん農業の現場も言うに及ばない。農薬、化学肥料、農業機械といったいわば近代兵器が風の道を奪っていったといっても過言ではない。

自然農法創始者の岡田茂吉（１８８２～１９５５）の語録に「地球は呼吸している」という有名な言葉がある。呼吸はすべての生き物の証である。そうであるならば、地球はひとつの生命体である、ということになる。風は、地球のいのちの息吹といってよいだろう。わたしが日ごろ親しむ新約聖書の原典はギリシャ語であるが、ギリシャ語で「風」は「プネウマ」と言い、それは神なるいのちの息吹と同義語であるという。自然農法水田の風の道を通るいのちの風は、稲により豊かないのちを運び、そのいのちはやがてわたしたちの心身に伝えられることになるのである。

２０１３年の３月、ある育種研究関連の国際会合でインドネシアに行く機会があった。その時、主催国のインドネシアの研究者によって当国の稲作の現状を視察する機会が与えられた。熱帯アジアの国々においては米の増産はなお国家の最重要課題となっている。当地の研究者たちの米増産の研究にかける情熱にも圧倒される。熱帯の明るい太陽のもとに広がる水田を眺めているうちに、栽培されている稲苗の何列かごとに、植えられていない列があることに気がついた。現地の担当者に尋ねると、それは風の道だという。インドネシア稲作の一つの技術になっているらしい。何列ごとに風の道を作るかは農家によって異なるという。風の道を作ることによって米の収量は上がるという。遥か熱帯アジアのその風の道が農民と現地研究者たちの協働によって生まれたことにまた新たな感慨を覚えるのである。（２０１０年１１・１２月号、２０２１年一部加筆）

１９．品種が重要

「品種が重要」という言葉に出会ったとき、わたしたちはどのようなイメージを描くだろうか。稲についていえば、多分、多くの人が「コシヒカリ」のことを思い浮かべるであろう。

それは、日本列島の北（岩手県、秋田県）から南の端まで広い範囲に栽培でき、しかもおいしい。長い年月日本の稲栽培面積のほぼ４０％を占めてきたまさに稲品種の王様である。稲品種の格別のブランド品ともいえる。種子にかかわる産業の人たちにとっては当然そのような品種を育成して、そのシエアを広範囲に広げ利益を上げたいと望むだろう。この場合は商品価値としての品種の重要性をイメージしていることになる。アメリカが中心として行った「緑の革命」で育成した小麦や稲の品種はまさにこの例に相当する。それらは先ず広域適応性の特徴を持ち、世界中広い範囲に栽培できる。短稈、耐肥性で多量の肥料を与えても倒れず収量が上がる。アメリカ（多国籍企業）はこれらの品種の種子を化学肥料や農薬とともに世界中に販売し巨額の富を得ることになった。現在は、除草剤耐性の遺伝子組み換え大豆品種などを育成し、非選択性除草剤・ラウンドアップとともに販売しやはり多大の利益を得ている。

さて、もう一つは多様性の価値を重視する品種の重要性である。本来農業は、種々の地域で、その環境や風土に合った農具や作物品種を用い営まれてきたのである。各地域において選抜されその地域に適応して栽培されてきた作物品種は、本来これを地域適応性の品種と呼んで広域適応性のそれと区別する。第二次世界大戦直後ころから始まった緑の革命以降はもっぱら広域適応性品種が世界を席巻し、また主要な育種目標ともなってきた。「緑の革命」は、いわゆる近代農業の推進の中で、広域適応性の小麦や稲の品種を世界中に普及し穀物収量を飛躍的に増大させ、人類の食糧問題に大きな貢献をしたと評価されている。緑の革命の父ともいわれるノーマン・ボーローグ博士（アメリカ、１９１４~２０１９）は１９７０年にその功績がたたえられノーベル平和賞を受賞している。しかし、緑の革命については、その光とともに影の部分も多く取りざたされてきたことも確かである。

近代農業技術の成立要因は、農薬、化学肥料そして大型農業機械と、それらの使用に耐える（緑の革命によって育成された）作物品種（種）である。新品種の普及により、伝統的に用いられてきた多様な在来品種が喪失し、農薬、化学肥料、機械に依存する近代農業技術の進展によって、営々と地域に伝えられてきた伝統的農業技術が失われていく結果となった。また環境破壊や砂漠化によって地域の農業の場が失われ、農民たちが都市の貧民街に追われていくという悲劇ももたらすことになる。このような視点からは、近代改良品種が在来種と闘い、在来種を駆逐したという言い方もできる。明らかに、在来種と近代改良品種は互いに対極的な関係にあるように見える。「品種が重要」という意味にも、商品価値としての重要性と地域の風土や環境に適応する多様な品種が重要という二つの場合があるのである。品種は、見る視点によって重要であったり、重要でなかったりするといえる。

わたしたちは、稲の自然農法研究の結果から、自然農法で収量をあげる主要因の一つが品種であることを明らかにしている。もちろん品種が重要と考えている。しかし、地域に適応する品種の重要性を重視し、その視点で品種改良を行っていることを強調しておこう。自然農法は地域の風土や環境に寄り添う形で行われるのが自然であり合理的である。そこで選ばれる品種も当然その地域に適応することになる。

各地域の自然農法の場で稲の選抜を繰り返してきた結果、典型的な近代品種の草型である短稈で早生のものより、長稈で晩生の在来種一般の草型に近い系統が選ばれてきたことはすでに述べているところである。それらが時には、現在使用されている農業機械に上手く適合しないこともある。品種育成と同時に農業のシステムについても同時に考えなければならない。(２０１１年１・２月号)

２０．野性を取り戻す

１９９３年の大冷害の最中、被害が最も大きかった岩手県松尾村の悲惨ともいえる水田風景の中で、稟として実っていた自然農法稲の姿を忘れることはない。自然農法稲の生命力の強さについては本欄でも度々述べてきたが、しかし、一般的によく使用される「生命力」という言葉は、なお科学的用語とはなっていない。「生命力」とは何なのか。「自然農法に適応する稲品種の育成に関する研究」に取り組んできたわたしの、それは最も興味ある課題のひとつである。

暑さ、寒さ、病虫害などに強いほうが弱いものより、また、すぐに腐敗するより長く生命を維持し栄養価を保つことができるもののほうが、生命力が強いと言ってよいだろう。それら種々の可視的な要因について、一つひとつ比較実験をし、その結果を総合して生命力を評価することは可能である。しかし、なおわたしたちの目には見えない、あるいは認知できていない未知の要因が多く生命（いのち）の現象には関わっているはずである。なんとなく人が輝いて見えるオーラなどという言葉もある。フォトンカウンター〈光測定器〉やキルリアン写真装置を用いて、作物が放射する光の測定なども行ってきた。自然農法稲やその米が出す光の量が多い傾向がある結果を得ているが、まだ学術誌に発表する段階には至っていない。

ここでは、わたしたちが行ったそれら実験結果の一つについて示し、自然農法の意味について考えてみよう。稲の6品種を用い、自然と慣行農法でそれぞれ栽培して採取した種子の発芽試験を試みた。そして、自然農法区の特に3品種については、発芽が大幅に遅れ、最終的には慣行農法と同じほぼ１００％

になることを明らかにした。一般的に、作物は適度の温度と水を与えれば無条件に発芽するが、野生の植物はそうはならず一定の期間休眠するという特性を持つ。休眠作用は、作物自らの生育が安全になる気候条件になるまで発芽しないで待つという自己の生命を防御するしくみに他ならない。自然農法によって稲はこの野生を取り戻すのである。野生回帰の程度は品種（遺伝子型）によって異なることも確かであるが。

自然農法稲は、発芽の過程のみならず、種々の発育段階において、周囲の環境の変化によく合わせながら自らを成長させていく。大冷害時の自然農法稲の姿はそのことをよく伝えている。野性を取り戻すとは生命への感性を取り戻すことを意味することにもなるだろう。その基本が土・自然にあることはいうに及ばない。農薬の害を警告して今や歴史的名著となっている『沈黙の春』（１９６１年）の中で、その著者であるレイチェル・カーソンは「人間が自然と和解すれば、人間の魂は再び輝くだろう」と謳っている。自然農法は、人間が自然と和解する最も基本的な道である。稲や作物と同じように、人間自身が生命への感性を取り戻す。自然農法の醍醐味はそこにあるのではないだろうか。（２０１１年３・４月号）

三．今こそ、いのちの時代へ

２１．今こそ、いのちの時代へ

この正月、思い立って、市内のコンビニや駅などで可能な限り大手の新聞を買い求めて読んでみた。元旦の新聞は、各社とも特に総力を結集して紙面を作り、現在の日本社会が抱える問題点を浮き彫りにしているはずである。しかし、うすうす予想していたことではあるが、自殺と農業問題を取り上げている新聞は皆無であった。このことは、当の問題に対する社会全体の関心の薄さを反映していることになるのだろうか。わたしは、日頃、この二つの問題こそが日本社会の根本的な課題であると考えてきたのである。しかも、この二つの問題は互いに密接にかかわっていると思っている。

日本の自殺者が１３年連続で３万人を超えて、しかも減少する気配をみせていない。自殺率（１０万人あたりの人数）も２５ほどを推移して、先進国ではロシアに次いで２番目に高い。ちなみに、イギリスやイタリアのそれは6を少し越す程度である（内閣府自殺対策推進室、２０１０年）。自殺の原因の６５％は健康問題、３４％が経済・生活問題であるといわれる。また、心の苦しみを誰かに相談したものは全体の３３％。その職業については、無職者が２４％、年金・雇用保険等生活者が１８％、失業者が７％という資料もある。これらのことからは、間違いなく、孤独、貧困、健康に悩む日本社会の姿が浮かび上がってくる。

一方、本欄でもたびたび触れてきたように、日本の食料自給率（穀物自給率）は、３０％弱と世界の先進国の中で最も、しかも極端に低い。西欧先進国のそれはほとんどが１００％を超えている。高度経済成長が始まる昭和３０年代の初め日本の食料自給率は優に８０％を超えていたのである。それが、都市化、工業化優先の政策を推進するとともに低下し現在に至っている。工業とのバランスをとりながら、農業政策を重視してきた西欧諸国との違いが際立っている。高い自殺率は、「自らいのちを育て、食べる」という農業あるいは生きる基本から遠ざかった日本人の必然的な結果といってよい。

実は、本稿を草している今、未曾有といわれる東日本大震災が生じてからまだ一週間ほどしか経っていない。広範囲にわたる被災地の食糧、水などのライフラインは確保されておらず、地震や津波から辛うじて生き延びた人たちがなお多く生命の危機に瀕している。福島原発の事故の行方も予断を許さない。日本人は、長く、近代的な工業技術に過度に依存しながら、大量生産、大量廃棄の社会の中でひたすら便利快適さを求めてきた。その幻想が打ち破られ、生々しいいのちの現実を突きつけられて戸惑っているのが大地震後のわれわれの姿である。人間の生存に根源的に必要なものは、土であり、水であり、空気でありそして食べ物である。その上に、人々の絆や分かち合いがあればよい。

この大震災で犠牲になった人々、今も被災地で苦しむ人たちを覚え祈りつつ、わたしたちは今こそいのちに根を張る生き方や社会を求めて歩き始めなければならないと思う。（２０１１年５・６月号）

22．フクシマの風景

福島は、２０１1年3月1１日の千年に一度といわれる大地震と津波に伴う原発事故によって、「フクシマ」として世界の注目を集めることになった。地元の人々の懊悩とは裏腹に、それは、世界中で新しい時代に向かう重要なキーワードともなり始めている。その年の5月の終わり、フクシマに行く機会を得た。福島第一原発から５０㎞離れた大玉村の農家、八巻栄光さんの水田で育種を始めて4年目のことである。放射能汚染にさらされた地元農家から稲作など農業への対応について深刻な悩みを打ち明けられていた。福島市に近づく新幹線の車窓から、空を映して青々と広がる田植え後の水田の風景を見て、重い課題を与えられて閉ざされていたわたしの心はいくらか軽くなった。

しかし、被災地の現場に入ると事情は一変した。海岸線から遠く内陸まですべてを大津波に流されて何もない荒涼とした地平が広がり、整理半ばの瓦礫の山が点在するばかりであった。かつて街路であったはずのコンクリートの表面は剥ぎ取られ、家屋はまったく姿を消してその痕跡を留める土台がようやく散見される。田んぼの面はすべてヘドロで覆われ、それが乾いてひび割れている。トラクターは何か得体のしれないものにひねりつぶされたように何台となくあちこちに転がっている。案内された車の車窓から、そのような光景を幻覚に襲われた心地で目にして、ある海岸線に降り立ちふと見ると、荒れた砂浜の一角にピアニカと幼児の赤い靴の片方がひっそりと並んで落ちていた。それは、なにげない日常生活が津波に洗い流された一つの痕跡であっただろうか。

街並みや田畑は確かにそこに存在しているが、人影の全くないもうひとつのフクシマの風景にも遭遇した。原発から４０㎞ほど離れているが、放射能汚染度が高く計画的避難区域になっている飯館村や、３０㎞内に位置し緊急避難区域に指定されている南相馬市に案内されたときのことである。広い田畑はもちろん作付けされないままに草が生い茂っていた。

被災地に立って思い知らされたのは、大自然の脅威とともに科学技術の危うさそのものであった。原発事故についてもその技術的欠陥や危険性は多くの専門家たちによって指摘されてきたところである。しかし、経済（お金）最優先の動機あるいは価値観によって原発を推進するあまり、いのちを重くみる貴重な指摘が軽視されてきた結果がこの悲劇を生んだのであろうと思う。

前世紀、アメリカに亡命したイタリア人科学者フェルミ（E. Fermi、１９０１～１９５４）がシカゴ大学グラウンドの片隅でウランパイルを重ねただけの小さな実験用の原子炉を組み立ててから、原子爆弾が開発され広島に投下されるまでに2年8ヶ月ほどしか要しなかったという事実もある。不可能といわれた巨大エネルギーを持つ原爆をこのように短期間で完成させた動機が戦争であったことは言うまでもない。

自然農法は、自然やいのちに寄り添う新たな価値観に裏づけされた科学であり、人が健康と平和のうちに生きる指針を与える思想でもあると日ごろ考えてきた。フクシマの現実に直面して、わたしは当地の人々に語るべき言葉を確かに失った。しかし、自然と共に土を耕し作物、いのち、を育てる生きる原点に立ち返って未来に向かおうと祈る気持ちはますます強い。祈りは、希望の実現に向かう意志であるともいう。あのフクシマの風景に人が、水田が、家が戻り、そして、そこから世界全体にいのち、平和の輪が広がっていくことを心から願っている。（２０１１年７・８月号）

２３．沖縄の海から

大仁農場で稲の育種試験を始めて６年目（２０１１年）の７月中旬、記録的な猛暑に襲われているさなか、沖縄本島の北東部に位置するＭＯＡ大宜味農場へ赴き選抜作業を行った。暑さに耐え得るか心配したが、気温は３１℃ほどで空気は乾燥して風も爽やか、澄み切った青い空の下での作業となった。

ここでは、タカナリという超多収性品種と糯《もち》米の陸稲品種との交配、あるいは良食味の代表品種であるコシヒカリとササニシキ交配後代の中から、多収で美味しい米や、水陸両方で栽培できる品種を育成しようとしている。沖縄本島では年に2回栽培でき、この時期はちょうど1期作の収穫期に当たる。沖縄列島はもともと日本に稲が伝来した最も重要な道（南方ルート）になっていて歴史的に稲作が盛んな土地だったはずである。しかし、今は水条件の悪さもあって列島全体で稲作はほとんど衰退してしまっている状態である。沖縄で稲の復活をと夢見る気持ちが強い。

沖縄到着2日目の真昼時、当育種プロジェクトのメンバー3人（安慶名克己、具志章一郎、宮里正二）とともに選抜作業のため名護市喜瀬の太田京子さんの水田に車で向かった。途中、メンバーの一人安慶名さんが、「沖縄の農家は、暑い真昼は昼寝をして、農作業は日が傾いた夕方からする」と言い出し、急遽予定を変更して、近郊をドライブで（観光）案内してもらうことになった。離島の屋我地島とその向こう側の古宇里島に最近架けられた大橋を見に行こうということになったのである。過密なスケジュールのなか予定通り作業が終了できるか、内心少し心配しながらそれに従った。まもなく現地に到着し、橋を渡り島に向かって車を走らせるほどに、美しさを増していく橋の左右に広がる神秘的ともいえる海の色に圧倒された。右側の海は透明で深い緑色。左側はその緑色から徐々に青味を帯びて群青色に変化し強い陽光を浴びて輝いていた。これまで、多く世界各地の海を見てきたが、こんなに心身を揺り動かすような美しい海を見たのは初めてのことだ。

島は、遠くまで起伏に富んだ農地が広がり、一面さとうきびやとうもろこしが風に揺れてざわざわと音を立てていた。島人たちは、永く農業を生業とした自給自足的な静かで平和な生活を営んできた。しかし、橋が架けられてからは、観光客が押し寄せ、経済的には豊かになったが、環境は激変し、犯罪などの問題も生じるようになったという。それはともかく、小さな旅行を楽しみ、美しい海の風景を心に抱いて選抜作業の水田に戻ったときは夕方になっていた。みんなで田の中を歩きまわり、良い稲を選ぶ作業は、日が沈むまでに十分成し終えることができた。わたしの心の内には、その間もずっと、あの美しい海が広がっていた。

２０１６年のやはり7月中旬のころである。夕方5時頃、大宜見農場での作業が終わり、宮里さんに車でホテルに送ってもらうことになった。その途中宮里さんが急に屋我利島、古宇里島へ立ち寄り５年前に見た、あの海の美しさをもう一度見ようと言い出した。わたしが折に触れてあの海の美しさを語るのを聴いていた古里さんのわたしへの心配りからであっただろう。その時、雨がぱらついたり、晴れたり、時に黒い雲が空一面を覆うような不安定な天気であった。彼の心配りに感謝する一方、この天候の中、あの海の美しさが再体験できるかどうか不安な気持ちが湧きあがり、むしろ行きたくないという妙な心情になっていた。

目的地が近づくにつれて、現場に着くころには太陽が顔を出して陽を注ぎあの美しい海を再び見ることができますようにと祈るばかりであった。天気はめまぐるしく変化していた。いよいよ屋我地大橋にかかる時、陽は雲間より現れ、あの時と全く同じ海の美しさが眼前に広がっていた。橋の右側はサンゴ礁の透き通った青緑色の海が広がり、その彼方は真横に群青の帯の海。橋の左側には紺碧のあるいは群青の海が広がっていた。奇跡が再び起こったのである。大橋を渡りきって引き返す折、真正面の空いっぱいに巨大な虹の橋が架かっていた。こんなに太く、色彩も明瞭で完璧と言える美しい虹に遭遇したのは生涯初めてのことだ。美しい海と虹の風景を心に抱きホテルが近づいた頃、空は掻き曇り土砂降りの激しい雨に襲われた。

今は、緑と群青の沖縄の美しい海が地域の人々に幸をもたらす稲品種をプレゼントしてくれるだろうという感慨にとらわれているのである。（２０１１年９・１０月号、２０２１年一部加筆）

２４．平和の礎（平和とはみんなが仲良く米を食べること！？）

現在進めている稲育種事業の試験地の一つに熊本県の湯前町がある。熊本空港から、2時間ばかり車で南に向かい、その昔プロ野球選手で打撃の神様といわれた（われわれ少年時代の憧れの人）川上哲治氏を生んだ人吉市からさらに球磨川に沿って上流へ上った九州山地の一角に試験田はある。山は青く、水は清い、まさにそこには「故郷」さながらの風景が広がっている。試験田の所有者、椎葉武馬さんは、この地の27農家で活動している自然農法普及会のメンバーの一人で、もう永く自然農法を実践していて、品質のよい米を作ることで知られている。

現地に到着するといつも普及会のメンバーが多数出迎えてくれる。そこに、九州各地から、この普及会を指導する立場のMOAの普及員たちが駆けつけてきて、総勢30名ほどでにぎやかな選抜試験の作業になる。ここでは、日本在来の品種、「旭」と「亀の尾」を交配した雑種個体群から選抜した多数の系統を栽培して、その中からこの地に最も適するものを選んで新品種を育成しようとしている。「旭」と「亀の尾」は明治時代に、農家自身の手で育成され、それぞれ西と東日本の代表的品種となり、コシヒカリをはじめとする近代改良品種の多くにはこれらの血が入っている。

普及会のメンバーには元町長など町の行政を指導する立場の人たちをはじめ多彩な人たちがいる。しかし、思いは一つ、近い将来町全体の農業をすべて自然農法にしたいという。現在全耕地の600町のうち200町までが自然農法で営まれている。各農家は確かに自立しながら、互いに連携し研究しあって、農業を基本とした自らの生活のみならず地域全体の生活・文化の質を高めようと努力している。何よりも、このメンバー全員の活き活きした相貌が農業の未来への大きな可能性を示している。

ある夏の訪問時、予定より早く作業が終了して、数年前に国宝に指定されたという人吉市の青井阿蘇神社に案内してもらうことになった。稲の種を運んできた命（みこと）が祭られているという話にわたしが強い興味を示したからでもある。当神社は平安時代の初め（８０６年）に創建され、幾多の時代の変転を超えて、開拓、農耕の神として人々の篤い信仰が寄せられてきたらしい。古来より、御田植祭をはじめとする農耕神事が盛んに執り行われてきた経緯からも、稲とは深いかかわりがあるのだろう。茅葺の楼門に立ち入ると、本殿を守るようにやはり茅葺の古色蒼然とした社殿がたたずむ、そこはまさに古代の風を伝える静謐でたおやかな異空間であった。

その空間を心躍らせながら逍遥しているとこんな説明の立看板にぶつかった。「平和とは、みんなが平らな気持ちで、米を食べる（口にする）こと」だというのである。確かに、「平」は、等しく穏やかな、という意を表し、「和」という漢字は禾（稲）と口が合わさってできている。「禾」は穀物類を総称する意もあるから、「平和とは、みんなが仲良く食べ物を分け合って食べる」ということにもなるだろう。飢餓人口が８億人を超えるともいわれる地球の現状を見ると、世界は決して平和とはいえない。わたしたちが今進めている稲の育種事業は、平和の礎を創るためであることを改めて思い知らされたのである。（２０１１年１１・１２月号）

２５．ある小さな棚田から

静岡市の清流、藁科川上流域の山間で荒廃した棚田を修復し、自然農（法）による稲作を開始して今年は１０周年を迎えている。静岡大学創立５０周年を記念して、２１世紀直前の３年間にわたりシリーズで１８回開催された市民公開講座『２０世紀とは何だったか？』がきっかけとなった。１９９９年の１２月中旬、草や虫を敵とせず、不耕起、無除草の「自然農」を提唱し、実践して全国的に注目される川口由一さんを招いて、新世紀のあるべき農業をめぐってわたしと対談を行ったのである。対談も終わりに近づいたころ、わたしは、ふと思い立って、会場の受講生に農業を体験する機会を持とうと呼びかけていた。農業を体験しながら、農業問題を考える機会を共有したいとの思いが頭をよぎってのことである。受講生からも厚い賛同の反応があった。

そのようなわけで、すぐに農業体験の場所探しが始まった。クリスマスのころである。当時静岡大学の学長であった佐藤博明さんから食事に誘われタクシーで出かけて約束の場所で降りる間際、タクシー運転手に「稲づくりにいい場所ないですか」などとつぶやくともなく語り掛けた。突飛な呼びかけに同行していた妻も驚いたほどである。ところが、思いがけず、運転手はすぐに応えて、農家の友達に話してみるといって携帯電話を取り出し話し始めた。話はすぐにまとまったらしい。大みそかの日、当の運転手Kさんが自らの車で、その友達Yさんと、さらにYさんと親しい河村勲さんを誘って、わたしを、彼ら二人の居住地、旧清沢村近辺の山間の農地に案内するという話になった。そのようにして、99年大晦日の午後、お正月の準備が整えられた雰囲気の旧山村の地を見て回る幸運な機会が与えられた。

Kさんは、ずいぶん時間をかけて、かなり広い範囲の山間の地を駆け巡ってくださった。多くの廃屋と荒廃した棚田にいたるところで出くわして驚いたものである。その間、たまたま静岡茶の始祖、聖一国師（1202～1280）の生家を（静岡市葵区栃沢）見る機会もあった。その庭の端に立っていた石碑と樹齢600年という枝垂れ桜の老木の姿が今も印象に残っている。そのようにして最後に行き着いたのが現在稲づくりの場となっている棚田である。田主のMさんが高齢で亡くなった後3年間放置された7段分の棚田であった。荒れてはいたがどうにか田んぼの体をなしていた。M家の近くに住む先に触れた河村さんの仲介によってその田を借りることができた。河村さんには、この後、2019年の1月に亡くなるまで地元代表として何かときめ細かな面倒を見ていただくこととなった。

この棚田は、周辺集落の民家や田畑と完全に隔離されていること、静岡市街地から車で30分ほどの近い距離にあったことなどから、わたしたちにとって格好の農作業体験の場となったのである。誰いうとなく、この場を「清沢塾」と呼ぶようになった。（旧）清沢村の棚田を修復し、稲づくりを通して学ぶ意を込めてのことである。2000年5月のある晴れた日が清沢塾のいわば開校日となった。公開講座の受講生、地域の人たち、公開講座の主催者であったＳＢＳ・静岡新聞や静岡大学の有志教職員たち５０名ほどが集まった。荒れた棚田７段分の草刈りなどの整備を行った。整備後にくっきりと現れた棚田の姿に見とれたものである。

最初の年、稲は草に覆われて生長不良のうえ、ようやく実った稲も全部猪に食べられてしまった。自然を相手とする農業の難しさを思い知らされた。その苦渋の経験を出発点としてわれわれの小さな棚田での稲作りが続けられてきたのである。数年を経た頃からは、冬の間に７段からさらに上方に広がる竹や草木に覆われ隠されていた棚田の開墾、修復をして２４段にまで稲を植え進めて行った。多くの労力を要する開墾には、「棚田」を卒論や修士論文研究のテーマに選んだ若い学生たちの働きが大きかったことを付記しておこう。

棚田を再生し、沢から水を引いて稲を育てることによって、そこに棲むトンボ、イモリ、カエルなど生き物たちの種類も数も飛躍的に増えていった。３年ほど過ぎたころからは蛍が飛び始めた。その餌となるカワニナは年々増加して蛍も増え、今では初夏から盛夏にいたるまでゲンジボタルとヘイケボタルが乱舞して夜毎の田面を彩っている。天然記念物とされるモリアオガエルも多く出現して、田植えなどで訪れてきた子供たちの格好の遊び相手となっている。里山を浸食し深刻な問題となっている竹も、伐採して田を復元したら、すぐにその姿を消していった。人が自然に寄り添えば、自然はより多くの恵みを人に与えてくれる。そして、人が自然と共生すれば、人はより良く人と共生できる。棚田で学んだことのひとつである。（２０１２．３・４月号）

ある小さな棚田から　②棚田という文化を守る

清沢（村）の棚田（現清沢塾棚田）は江戸時代の寛政年間（１７８９〜１８０１）には完成していたと伝承されている。寛政年間といえば、江戸時代三大飢饉の一つ天明の大飢饉の影響が残るなお政情不安の中、松平定信による「寛政の改革」が行われた時代として歴史に記憶をとどめている。杉田玄白や伊能忠敬が新しい科学（医療）技術や知識をもって活躍し、また、葛飾北斎、十返舎一九、滝沢馬琴らが芸術分野に彩りを添えた時代でもある。相撲で今も語り継がれる雷電為衛門もその時代の人である。

わたしたちが現在稲づくりをしている棚田は、狭く山に向かって長く伸びていて、視覚的には広く見えるが、測量してみると2反ばかりのものである。周囲は茶畑が空間を埋めているが、元々はすべて棚田だったとのことである。石垣はもうずいぶん崩されているが、大きな棚田空間がこの場に広がっていたことになる。しかし、この一帯は、人が住む部落からは完全に遮蔽された人目につかない山間にある。隠し田として造成されたのではないかとの説にも説得力はある。天明の大飢饉の影響をなお受けていただろう寛政年間の農民たちは、幕府の重税に加え、食料不足に苦しんでいたはずである。この棚田は完全な石垣様式である。農民たちは一つひとつ石を積み上げていったに違いないが、現代のわたしたちから見れば膨大なこの石垣群はまさに奇跡である。

長年放置された棚田の石垣は生い茂る樹木や雑草の根によって圧迫され崩壊する。当棚田の石垣も、特に３０年以上も放置された棚田のそれは崩壊寸前の状態であった。開墾、稲栽培と合わせ石垣の修理も重要な作業となった。地元の河村さんの指導によって学生たちと石積みの経験もした。当棚田の石垣の積み方は自然石を積み上げるいわゆる野面《のづら》積みである。「八巻きにするな！」は河村さんの印象的な助言である。ひとつの石の周りに八個の石を置いてはいけないという意味である。その通りに石垣の修理をしていった。その部分は現在まで無事維持している。２００９年８月に生じた駿河湾地震（Ｍ６．５、最大震度６弱）で駿府城公園の石垣（石を切り出して積み上げる切込み接ぎによる）の一部が崩壊したが、わたしたちが修理した清沢棚田の石垣は無事であったことを付け加えておく。

河川上流域の石垣によって守られる棚田という様式は、森林の維持とともに、土壌浸食を防ぐ仕組みとして何百年も前から東洋特に日本で発展した技術として世界的に高く評価されてきた（『農業聖典』、アルバート・ハワード、２００３、原本は１９４０）（ディビット・モントゴメリー、『土の文明史』、２０１６）。しかし、その伝統は、太平洋戦争時以来徐々に崩されていくことになる。多様な樹木が茂る森林は、杉林一色に変貌し、それも管理されないまま放置されているのが現状である。清沢塾周辺の森も例外ではない。近年、気候変動によって起こる豪雨は想像以上の規模であることは確かであるが、土砂崩れの酷い被害が、河川上流域の棚田や森の崩壊の現実と無関係ではありえない。

石垣の石の間からは容赦なく草が生え茂って、油断すると容易に石垣の全容を隠すことになる。石垣の草取り、整備は棚田の稲づくりにおいて常に重要な作業となる。鎌で一つひとつ草を刈り払った後で石垣を眺めてみると、その美しさが浮き立って草刈の疲れを癒してくれる。石垣は確かな芸術であり文化であることをその時実感できる。石垣という文化はいにしえの人たちが、真摯に食を求めて石を積み上げていったおもいへの結晶でもあろう。そこには、生きようとする豊穣の生命力が込められているといってもよい。この石垣を後世に伝えていかなければならないという気持ちがこのところ特に強い。（２０１９年加筆）

ある小さな棚田から　③棚田での自然農法研究

清沢塾が始まった頃は、自然農提唱者の川口由一さんに来ていただき直接指導をしていただいた。苗は現場に苗床を作って育てる。耕さず、草のある田圃に苗を植えていく。稲が草に負けそうになると、鎌で草を刈り取りその場においていく。刈り取った草は大切な肥料の役割を果たすことになる。収穫後稲わらは全量田に還す。米糠を反当たり１００kgほど入れる。棚田の最上段に池を掘り沢からパイプで引いた水を溜め、温めて各田圃に導入する。多く発生する沢蟹が穴をあけ、水が漏れて苦労することが多い。多様な品種を植える。日本稲の代表的な在来種、「旭」、「亀の尾」や江戸時代の越中富山で栽培されていたという「借銭切」や昔、中国の皇帝に捧げられていたという薬用米「神秘の米」や近代品種の「あいちのかおり」、さらにわたしが現在育成中のいくつかの育種系統などである。そのほか、大学で育種学を専攻した桑原定明さんが、品種圃を設け３３ほどの品種を維持管理している。

わたしが静岡大学を定年退職する２００５年までは、当棚田は、わたしの研究室の学生たちの卒業論文研究などの場ともなった。主な研究題目と著者名を上げると次のようである：『修復した棚田の自然農法における稲の栽培に関する研究』（川本裕子、笹村昭生）、『修復した棚田の自然農法における雑草植生と稲の生育』（青木美絵）、『種々の栽培環境における稲品種の雑草に対する反応』（瀧石有加）、『修復1年目の棚田における雑草植生と稲の生育』（渡辺康仁）、『自然農法におけるイネ品種の混植に関する研究Ⅱ．棚田における混植の効果について』（江崎文映）、『自然農法水稲栽培における竹葉のイネ生育への影響とその雑草抑制効果』（竹村光春）。

研究の主な結果をかいつまんで述べると次のようになるだろうか。（1）当時はまだ棚田全体特に水の導入口に近い水温の低い上段においてはいもち病が蔓延していた。「コシヒカリ」は「あいちのかおり」や「タカナリ」に比べてイモチ病に弱く、また、品種を問わず、栽植密度が広い区（列間３０㎝、株間３０～４０㎝）が狭い区（列間３０㎝、株間１０～２０㎝）より当病に罹り難かった。（２）多品種を混ぜて植える区がいもち病にかかり難く、収量も高い傾向にあった。（３）新たに開墾した1、2年目の９段から１７段の棚田について、雑草植生と稲の生育状態について観察、実験を行った。耕起の有無によって叢生する雑草の優先順位が異なる。不耕起栽培では特にアキノウナギツカミ、ツユクサ、オヘビイチゴ、ミゾソバが、耕起栽培ではタマガヤツリ、キカジグサ、コナギが優先種となった。この中でミゾソバ、アキノウナギツカミは稲の生殖成長期に草丈が稲を上回り、稲との光競合が問題となる。竹葉を田んぼに敷き詰めてイネを栽培し、そのイネおよび雑草に与える影響を観た。竹葉は稲の生長に影響をあたえず雑草を抑制する効果が認められた。雑草抑制は土壌被覆と竹葉のアレロパシイの協働作用によることを明らかにした。

棚田横の通路を隔てて茶畑が並び広がっている。6年前、休耕していたその一部2反ほどを借りて茶づくりにも挑戦し始めた。地域に住む茶生産農家、永野隆広さんの指導と協力によって栽培から茶生産までを行う。もちろん無農薬、無肥料である。毎年冬季にメンバー全員で永野さん住居近くの山に登り大量の落ち葉を拾い集めてきて茶畑に敷きつめる。いわば落ち葉農法である。年々茶の品質・味は良くなっていると実感している。飲んで気持の良くなるお茶との消費者からの感想もある。

上に、卒論研究にかかわって棚田の（雑）草の叢生について少し触れたが、実は田の草の叢生は年次によって遷移していくことをこの２０年間で経験している。当初は春から夏にかけて、セリが多く出現し、田圃からセリを摘んで喜び家に持ち帰ったものである。しかし次第にセリが姿を消し、クレソンが多く現れるようになり、その叢生範囲は拡大している。これも食用として貴重であり、草丈も低いので気にしないで稲と共生させている。ちなみにクレソンは最も早く栽培化された野菜の一つで栄養価も非常に高いらしい。夏から秋に懸けてはミゾソバが繁茂し伸長して稲を覆い難儀したものであるが、最近は、その勢力も弱まり、代わって、地下に根を張り除草困難な草が現れている。マコモもいくつか田の端に移植したものが今は多く繁殖して、塾メンバーが食用として利用し楽しんでいる。

静岡大学農学部の学生６０名ほどが開塾以来毎年６月の田植えと１０月の稲刈りの時に農場実習の一環としてバスを仕立ててやってくる。大学の整備された農場と異なって、山間のむしろ混沌とした自然色豊かな棚田の土や水や生き物に触れて、学生たちの身体が躍動する。男女ともに泥や水を掛け合い笑い転げての作業になるが、彼らの働きは大きく頼りになる。現在、静岡城南中学校全校生徒が田植と収穫に、また、静岡学園の中高校生が３０名ほど毎月一回清沢塾棚田に参加して農業の体験を積んでいる。以上はいずれも学校の教育方針に基づいて教員も同伴で参加していることを付記しておく。最近、ボーイスカートのある団体も参加するようになった。ここに参加する若者たちに伝えたいメッセージはもちろんある。清沢塾棚田の時代的意義などについて話す時間はつくっている。しかし、何よりのメッセージはお昼に供する清沢塾名物の味噌汁であろうと思っている。

開塾3年後の2003年、9カ月をかけて塾生自らの手で40名は収容できる小屋を建てた。その中心には囲炉裏を設えた。棚田で収穫した米を炊き、味噌汁を作ってみんなで囲炉裏を囲んで昼食を摂る。教会の鐘ならず、オーストリアから持ち帰ったカーウベル（アルプスで牧牛の首につけるベル）の音が昼食を告げる合図である。加藤順子さんが数名の女性メンバーとともに昼食の準備を今日まで忍耐強く続けてくださった。長い年月を経て清沢塾名物の味噌汁となったわけである。ご飯焚きは、現在、特別な日以外はしていないが、「自らいのちを育て、いのちを食べる」試みを清沢塾で少しなりとも実現したいという思いはいつもかわらない。

清沢塾の定例日は毎月第2および第4土曜日である。田植え、草取りで忙しい6、7月と収穫や脱穀、ハザカケの時期10、11月は毎週土曜日となる。地元の河村勲さんと佐藤光男さんは毎回出席し、日ごろの田の見回りなどの協力もいただいている。かつては常時30名以上集まってきたが、最近は高齢化の事情もあって20名ほどの参加である。一人5千円（年間）の会費、何らかの応募金、茶の売上金などで全体の経営をまかなっている。米の収穫物はメンバーで均等に配分する。2015年、すでに名前を挙げた人に加えて元連合会長の湯本一夫さんらによって、茶畑のわきに40名は収容できる堅固な集会室を建ててくださった。清沢からの情報を地域や社会に発信してほしいという願いも込められている。いずれにせよ、清沢塾が20年維持できた背景には地元の人たちの暖かな支援があったことを伝えたい。

開塾20週年の節によく思うことは、清沢塾が20年間行ってきた意義についてである。そして、思い起こす。清沢塾最初の田植えの際、喜びの表情をもって集まってきた大勢の人たちの前で、秋にはこの棚田を黄金色に輝かせようと呼びかけながら、近い将来、全国平均の反当り8俵の米を収穫するとわたしが大声で宣言したことを。しかし、なお、8俵ははるかに遠い。部分的にはそれ近く収穫したことが過去にあったけれど、近年はむしろ収穫減少の傾向が続いている。「これは農業ではない。遊びだ。」と揶揄されることもある。そのような時は落胆するが、あるとき、ふっと思いつきわたしの心に灯がともった。清沢塾は意外にも多く農業者を輩出していることである。現役のメンバーでも、個人的に農業を生活に取り入れている人が多い。この小さな棚田においても社会をそして未来を照らすために一粒ひと粒と光の種をまいていることになる。（2019年加筆）

ある小さな棚田から　④地域間の棚田稲作交流

２００３年の夏、熱海の文化遺産として知られる施設「起雲閣」に全国から２８の地方大学教員が集まり未来の大学、特に地方大学のありようについて考えるシンポジウムが開かれた。鹿児島大学学長の田中弘允さんと静岡大学学長の佐藤博明さん（当時）が大学法人化を控えた大学のターニングポイントにあって、特に地方大学の未来に危機感をもって、そのありようや連携について議論しようと呼びかけたものである。その席上、鹿児島大学の副学長であった萬田正治さんの講演『網掛川流域の環境共生プロジェクト』に衝撃を受けた。清沢塾の棚田再生の試みが始まって４年目のことであった。清沢塾の棚田再生の試みは時代を先取りするユニークなものと自負していたが、鹿児島大学のプロジェクトはもっと先を行っている印象を受けたのである。早速、驚きの気持ちを隠せないまま、わたしたちの経験にも触れて質問や感想を述べた。これがきっかけで、彼らもわたしたちの試みに関心を示し、その年の秋、佐藤さんやわたしらが鹿児島大学に招待されることになった。

『網掛川流域の環境共生プロジェクト』の現場である棚田は、鹿児島空港から１０㎞足らずの溝辺町竹子（たかぜ）地区山間の網掛川に沿ってなだらかに広がっていた。「大地・食・人間の健康を保全する環境革命への試行」のビジョンを掲げ、地域の種々の団体と連携を取りながら合鴨有機農業を主とした試みに挑戦していた。棚田の入り口には「故郷　実証圃場」と墨で大書された丸太の門柱が立ち、国民的唱歌「故郷」の歌詞が並んで記されていた。棚田に入ると、水流を利用したいわば水力米搗き杵の小屋や、そのほか作業小屋、丸太のベンチの休息所などが随所に配置され、その風景に彩を添えていた。農業が人と人の助け合いの中で行われていたかつての素朴な里山の風景がそこにはあったと思う。鹿児島大学と静岡大学との連携の話がごく自然に湧き上がってきたものである。薩長同盟ならず、かつては敵同士であった薩摩と駿府が薩駿同盟を結ぼうと笑いあった。このようにして両者の交流が始まったのである。

萬田さんは、その後鹿児島大学を退職し、同地区に居を構えて農民となり2ヘクタールほどの水田で合鴨農法を実践し、そこを拠点として『竹子農塾』を開設することとなった。

翌年の春は、竹子農塾の人たち10数名が清沢塾を訪れることになった。田植え前の草ぼうぼうのわたしたちの棚田を見て彼らは驚き、やむにやまれぬという様子で、一同素足で田に入り草取りの作業をしていただくことになった。棚田といっても一様ではなくそれぞれ地域の環境・風土や人々の暮らし方などの影響を受けて固有の姿を見せる。交流会恒例の活動報告会は好奇心に満ちて活発な議論を呼び起こす。そして、その議論は日本農業の現状や未来に及ぶ。

竹子農塾と清沢塾の交流が数年続いた後、竹子農塾が奄美大島で棚田再生に取り組む市民グループ「あぶし会」の支援を始めたのを機会に、「あぶし会」が加わり三者交流会となった。ちなみに、「あぶし」は田のあぜ道を意味するそうである。最初の３者交流会は、２００７年8月、「あぶし会」の拠点である奄美大島で行われた。初めて訪れた奄美大島はまさに自然の宝庫、広大なマングローブ林を海にボートを浮かべて案内された時の心の躍動感は忘れがたい。その一方で、豊かな自然の背後にはいくつもの戦争の傷跡が隠されていることを知らされた。「あぶし会」の活動目標は奄美大島に稲作を復活させることである。荒廃した棚田や水田跡を修復して稲づくりに挑戦する人たちが現れ、互いに連携して稲づくりを始めるようになったのが「あぶし会」であった。２００７年以降毎年交互に場所を変えて三者交流会を実施している。

三地区それぞれの活動拠点を会場にすることが多いが、拠点から離れた場所を会場にすることもある。例えば、北里大学・八雲農場（北海道）（清沢塾、２０１１年）、韓国プルム農業高校（竹子農塾、２０１２年）、喜界島（あぶし会２０１３年）などである。交流期間の１日は街中でシンポジュウムを開催することも多い。その講師には専門家を招待し話題提供してもらうことが多い。そのテーマをいくつか拾ってみると、「いま、平和を考える」（２０１０年、竹子農塾、）、「あすの日本農業を考える～ローカリズムと地域産業政策～グローバリズムと東日本大震災を乗り越える」（２０１１年、八雲農場）、「奄美の歴史、自然、文化」（２０１３年、喜界島）などである。

革命は地域から起こる！？　これは何となくわたしが信じている想念である。卑近な例では明治維新が薩摩、長州や土佐から起こったということがある。明治維新は革命とはいえない、という言説もまた多い。革命という言葉が大げさなら変革という言葉に変えてもよい。少なくとも農業の変革は地域の、しかも山間の小さな農業から起こる、とやはりわたしは信じている。しかも、わたしの胸の内では農業の変革こそ世界の変革の核心であるという思いが強い。小さな棚田の働きが世界の変革に繋がっていくと信じているのである。（２０１９年加筆）

ある小さな棚田から　⑤一つで災害は防げない

２０１９年は、清沢塾開塾２０周年に当たる。この年は気候変動による大災害が世界中に頻発して、地球環境や人類の崩壊がいよいよ実感としてわたしたちの心に迫ってきた年であったと思う。わが清沢塾でもいろいろ残念なことが生じた。記念の年でもあり、稲づくりにも気合が入っていたはずである。稲の生育状態は例年になく良く当年は大幅に収穫量が増加すると予想していた。ところが、収穫直前になって、電柵とフェンスの２重構造を見事に猪たちに破られ、すべて食べられて、収穫ゼロという結果になったのである。

もう一つ残念なことは、すでに少し触れているが、地元の代表として清沢塾の活動を全面的に支えてくださった河村勲さんが秋の終わりに亡くなったことである。河村さんには、休みなく田の見回りをしていただき、具体的かつ貴重な示唆を多くいただき、また、実地にいろいろなことを教えていただいた。何事につけても棚田周辺に自生する雑木や竹などの自然素材を用い利用する知恵や技には驚かされることが多かった。「百姓」の本来の意味は、身近なあらゆることに精通し、必要な時にそれらを活かすことができる人々の総称であるといえる。河村さんはじめ地元の農家の人たちと身近に接して気づいたことである。その知恵は農業や生活の実感から生まれるもので、必ずしも学校教育では培われない。かつての日本の高度経済成長は農業を犠牲にして達成できたといわれるが、それは、農業の世界から多大の知恵ある人材をむしろ収奪して実現できたと言い換えることができる。農業の復活なくして日本の豊かな成長はないといいたいのである。

２０１２年６月２８日から３０日まで、清沢塾生１８名が、二泊三日で、東日本大震災の被害地の復興状況を知るために岩手県を訪れた。当時、遠野市を拠点にボランティア活動を展開していた静岡県ボランティア協会の小野田全生さんらに案内していただき、遠野市から大槌町、釜石市、大船渡市、陸前高田市から気仙沼市へと特に被害の大きかった場所を視察することができた。筆舌に尽くしがたい惨状とその中に萌芽する新しいいのちの再生そして生き物・食べ物を育てるという小さな農業の試みがいのち復活のよりどころになるかもしれないと感じたことのみを記しておこう。わたしが述べたかったことは、同行した河村さんの現場での感想についてである。河村さんの弔辞を考えているうちに、視察後作成した冊子（『清沢塾―東日本大震災被害地を視察して１８名それぞれが見た被災地の現状』）のことがひらめいた。河村さんの感想文が忘れがたく脳裏にとどまっていたのであろう。以下に示すその一文『一つで災害は防げない』は河村さんの知恵の一端を伝える良き証となろう。

〈今回、東日本・東北の災害を見て、直感的に私は、人間が欲をかきすぎているのではないか、海を埋め立て、田を、畑を、宅地を、工場を作り、道路を作り、人間の生活向上のために自然を壊し、自然を攻めすぎているのではないか、ということを改めて感じました。そして、陸前高田の高台にて海を眺めてみると、ここまでが、あそこまでが、波と折り合いの付く所では、と思う地点があるように感じました。

防災という観点から見たら、防潮堤だけでは、数百万トンという波に対して、安全対策となる、生命を守るという気は、全く感じませんでした。「波を受け入れる」、「波を和らげる」、そして「波を防ぐ」という複数の考え方が必要では、と思いました。

『「波の遊び場」＋「和潮提」＋「防潮堤」』。このような考え方は理屈に合っていないかもしれません。でも「格子戸は風を和らげる」と言います。自然を知り、自然と調和し、自然を「いなす」というような考え方も必要かもしれません。

あらためて人は、自然の怖さを知るべきでしょう。普段は「恵」を与えてくれる山も、川も、海も、風も、火も反面、「恐ろしいこと」を引き起こすことがあります。

私は、過去に時間雨量５０㎜の雨が降った時に、普段全く水の流れない沢が、高さ３０ｍ、山裾６０〜７０ｍの山を動かすことを見たことがあります。動いた山は、川を堰き止め、ダムを作りました。そのように山は動き出し、ダムになり、そのダムが崩れて、濁流が下流の道路を流しました。水は、私たちが比較的簡単に意思を動かすことができるように、少しずつでも時間をかけて溜まれば山でも動かす力を持っています。

私達は、普段から雨が降れば、水はどこから出るのか、どっち方向に流れるのかなど、身近な自然の変化を頭に入れておくことが、防災の初歩である、こんなことを思い浮かべ、感じました。〉（２０２０年加筆）

26．苦しみから希望へ

わたしの大学在職中、専門である「育種学」の講義の中で、年に1回、ダーウィンの進化論すなわち自然淘汰説の話をしてきた。「強いものが生き残る」とはその説に関わって一般に言われることであるが、強いとは何か、をわたしは常に学生に問いかけてきた。生存競争に勝つために腕力や肉体的な強さが必ずしも役立たないことは、多くの生き物で実証されている。鳴き声が美しかったり、踊りがうまい鳥や、羽のない昆虫が生き延びたりする例は多い。

では、人間の場合はどうなのか？　この問いについて、わたしはいつもオーストリアの精神医学者、ヴィクトール・フランクル（1905～97）の名著『夜と霧（原題：強制収容所における一心理学者の体験）』（みすず書房）を参考として取り上げた。これは、いうまでもなく、ナチスの強制収容所の中で、どのような人たちが強く生き抜くことができたかを科学者の冷徹な目で記録し考察したものである。果てしなく続く地獄の状況下にあっても、人間としての尊厳を失わず、いのちを輝かせて生き抜いた人々が確かに存在した。それは、収容所に捕らえられるまでの日常生活の中で、いかに心豊かに生きてきたかに係かっていたのだという。美しい音楽を聴く、詩や小説を読む、絵を観る、自然に触れる、教会で祈る、心豊かに生きる例としてわたしなりにこのような単純な言葉で説明したものである。

１９９３年新緑の頃、わたしは博士の来日を記念して開催されたシンポジウムや講演会に参加し、このような読み方に間違いがないかどうかを直に質問する幸運を得た。博士は喜び、少し興奮してわたしの考えに賛同の意を表明しながら、収容所での体験談をひとつ話してくれた。長い一日の労働を終えて囚人たちが無言のままバラックで身を横たえていたとき、仲間の一人が飛び込んできて、「この美しい夕日を見ろ！」と叫び、引き戸を開け放った。皆は、はっとして夕日に見とれ、しばし安らぎの時間が過ぎたという。苦しさの極限にあっても、なお自分が感じた美しさを人と分け合おうとする人間の尊厳の高さにいたく感動したというのである。

博士は、多くの著書をとおして、今もいのちのメッセージを発し続けている。「苦しみこそが人間を真に成長させる」とし、困難に直面したとき人はいかに立ち向かい振舞うことができるかを問う「態度価値」が、人生の価値の中で最高のものであるとしている（『苦悩する人間』、春秋社）。「いのちの循環や再生への洞察と祈り」が大切という博士の思想に深く心を寄せるべき時機である。博士の思想が自然農法のそれに大きく響き合うことも確かなことである。ちなみに、博士の記念講演はＭＯＡ美術館の能楽堂で行われたことも付記しておこう。（２０１２年５・６月号）

27. 雲南の棚田

2012年、4月の終わりから5月中旬にかけて10日間、妻と共に中国の雲南を旅する機会に恵まれた。かつて、わたしの指導の下で博士号を取得した中国人の教え子、龍春林さんの招待を受けてのことである。彼は雲南省の首都、昆明市の植物研究所で少数民族の農業、文化、生活にかかわる研究を行い、現在は北京中央民族大学の教授をしている。雲南の棚田が見たい、という長年の夢がかなったのである。

昆明に到着の翌朝、龍さん同行の車で棚田を目指して南に向かった。いくつも山を越え渓谷をくだりほぼ350㎞の道のりを、途中渋滞に巻き込まれながら、7時間ばかりをかけて、少数民族のひとつであるハニ族の自治州のとある街（元陽県‐新街鎮）に着いた。そこは、もうベトナムの国境に近く、海抜1200mばかりの高所に位置している。時節はとっくに雨季のはずであるが、この日空は晴れ渡っていて、わたしの手元の温度計は38℃まで上がっていた。この地に3日間滞在し、現場に精通する龍さんの案内によって、地域全体に広がる棚田を種々の条件の場所から観ることができた。

初日の朝、日の出前の6時半にホテルを出て車で30分ほどの場所に降り立った。棚田は、朝靄にけむるなかで下方に向かって無限に広がり、さらに遠くの山々を連なり上がって、昇り始めたばかりの陽の光をその水に映して輝いていた。後ろを振り向くと、道を隔ててすぐに急峻な山の斜面がそそり立ち、やはり棚田は天空に向かって続いていた。水不足のため遅れていた田植えがようやく始まり、水を湛えたばかりのその棚田の風景は息を呑む美しさであった。最初に見た雲南の棚田の印象である。

この地域の棚田は、ハニ族の人々によって何百年、何千年と手作業でわずかに水牛の力を借りて、同じ稲の品種を用い営々と維持されてきた。農薬や化学肥料はほとんど使われていない。みな貧しくて、それらを手にすることはなお困難であるのだという。この地形では機械を使用することも不可能である。幅３０㎝ばかりのあぜ道は確かに堅固であるが、人が一人歩くのがやっとである。それが何百メートル、ときには１０００ｍという高度差の斜面にある。仔細に見ても休耕田といえるようなものは見当たらない。

いずれも家族（3〜5人）営農で一人当たりの耕作面積は2反弱であるという。作られた米はほとんどが家族で消費される。彼らにとって、棚田で稲を作ることは、生きることそのものである。「森がなければ、水はない。水がなければ、食べ物はない。食べ物がなければ、人はない。」昔から、棚田の民に伝承されてきたというこの言葉には、人が生きるための叡智があふれている。確かに、山の頂には水を生み出す豊かな森があり、棚田の広がりの中にも至るところ森が点在している。

悠久ともいえる棚田の風景の片隅にたたずみ、はるかに遠くから田植えする女性たちの田植え歌を聴きながら、豊かさとは何なのか、改めて考えさせられた。その後、この棚田地域一帯が世界自然遺産に認定された。いずれかの地域にも近代化の波が押し寄せてくることだろう。棚田の民の叡智が未来の人類社会に生かされていくことを祈るばかりである。（２０１２年7・8月号）

２８．風化

３．１１から一年数ヶ月が過ぎたころである。その風化が取り沙汰されるなか、岩手県の遠野に行き周辺被災地の現状をつぶさに視てくることができた。一般市民とともに始めた清沢塾・棚田の田植えを終えた6月下旬のことである。塾生１８人ほどのグループで、棚田を修復し自然農法で稲を栽培してきた経験を活かす支援の可能性を探る目的をもって現地に赴いたのである。遠野を拠点に忍耐強く支援活動を展開している静岡県ボランティア協会の全面的な協力を得て、予想以上の深い経験ができる旅になったと思っている。

遠野から釜石市、南三陸町、陸前高田市などの沿海地域をめぐり見て、各地元の人々から丁寧な説明を聞くと、被災地の現実の姿がリアルに迫ってくる。坂道を懸命に駆け上がり全生徒が奇跡的に助かったという釜石東中学校や鵜住居《うのすまい》小学校の跡も見た。避難場所に指定されていて多くの人たちが逃げ込みそのほとんどが犠牲になった防災センターの廃墟の中に立ち皆で黙祷を奉げる機会も得た。話題の一本松の姿も見た。

旅の初日の夕方、３．１１の現実の過酷さに改めて遭遇して心に傷を残したまま、宿泊予定のホテル「宝来館」に着いた。釜石市の根浜海岸沿いに立つこのホテルは、激しい津波に襲われたが、奇跡的に再開を果たして評判となっていた。ここで聴いた女将さん（岩崎昭子さん）の津波から生還してきた経験談が圧巻であった。わたしの心身は癒された。

話はざっと次のようであった。「３．１１当日の地震の揺れ方は異常であった。とっさに閃き、泊り客や従業員のすべてをホテル（４階建て）外へ連れ出し、かねて造っておいた裏山の避難道に導いた。全員を安全な高所に逃がしてほっとして振り向くと津波はもう足元に迫っていて、飲み込まれてしまった。その瞬間波が背中を押し上げ、真っ青な空が眼前いっぱいに広がった。死の恐怖は全くなく、ひたすら空の美しさを感じていた。そのうち水中に沈み我に返って水面を目指して泳ぐうち従業員の一人が手をつかんでくれた。しかし、頭頂から身体全体が水中にあって、水面は漂流物に覆われて脱出不能で、握られた手を振り払い潜りなおして水と格闘するうち気がついたら陸地に上がっていた。」

この人は、いのちの再生を果たして死の海から蘇ってきたのではないか。その突き抜けたような明るく透明感のある言葉や振る舞いに触れて、そんな感慨にとらわれた。同時に、生命を津波に流し去られた多くの人々にも想いは及んだ。ひょっとして、そのような人々の魂も新たないのちの様相を帯びてこの地に帰還しているのではないか。被災地の現実にたじろぐばかりの訪問者でしかないわたしの心を開放してくれたのもまた現地の人々であった。

その一方で、何度も耳にした「何も変わっていない」という現地の人々の言葉は、行き場のない深い怒りと悲しみを表していたのではなかったかと思う。それは、変わらず経済・お金優先の社会を推進し、3．11を風化させるわたしたちに対する警告でもあるだろう。その風化は、彼の地に萌芽する確かないのちの再生を、そして、わたしたち自身の未来に向かういのちを閉ざすものに違いない。（2012年9・10月号）

29．希望の芽

ここ数年間、稲が旺盛に成長する初夏と収穫の秋の季節に、全国各地の育種試験の水田を巡り歩く稲の旅が続いている。伊豆の国市（静岡県）の山間に広がる大仁農場を拠点に、自然農法に適応する稲品種育成の事業を始めて今年は8年目である。南北に長く伸びる日本列島の各地域で多収性と高品質を兼ね備えた品種を作ることを目指している。そんなわけで、北海道から沖縄まで全国19か所ほどの農家や試験農場（農業・環境・健康研究所）の水田を用いて、現地の人たちの協力を得ながら育種を進めているのである。

今年は、9月5日から、全国で収穫の最も早い北陸の石川（津幡町）をかわきりに新潟（三条市）から秋田（横手市）へと旅の歩みを続け、そこからさらに福島、宮城をたどり北海道に向かった後徐々に南下していく。列車の車窓や飛行機から、文字通り黄金色に輝く稲穂の大地を日本列島の隅々まで目撃することになる。古来、日本の別名になってきた『豊葦原の瑞穂の国』が実感される格好の機会でもある。

育種は、現在、日本の在来種、コシヒカリなどの改良種、外国種を互いに交配した第7世代（F7）の選抜作業に入っている。品種の姿が見えてくる最終段階に差し掛かっているといってよい。それだけに選抜の作業にはさらに細心の注意を払わなければならない。育種の現場では、必ず農家の人たちにも選抜の作業に加わってもらっている。本来、稲の育種は農家自身が担っていた、ということもある。農業そのものであるはずの育種をもう一度農家の手に戻すことをひそかに願いながら、農家の人々と共に育種を実践することは、わたしが永く夢見てきたことである。しかし、日頃身近に稲を見ているはずの農家といっても、いざ選抜となると戸惑いを隠せない場合が多い。

顔色の良い稲を選ぶ。言い換えれば、稲穂が輝いている稲を選ぶ。大まかにいえば、これがわたしの選抜の基準である。茎数が多く、穂が大きく、茎が丈夫でがっちりしているものを選ぶということもある。もう一つ、選ぶ基準を厳しくし過ぎない。多めの稲を選び、時間（年月）をかけてじっくり観察しながら、目的に適うものを選んでいく。作業前のミーティングで、このように説明しながら、最終的にはそれぞれの農家の感性に期待して任せる。その成果が表れる日も近いはずである。

実は、日本の有機農業は意外に進んでいない。全耕地面積に対するその割合は０．３～０．４％ともいわれ、ヨーロッパや中南米諸国よりはるかに遅れを取っている。美しく映ずる日本の秋の風景にもよく観るといくつかの異変が生じている。赤とんぼや雀の姿が急速に消えつつある。田に植えられている品種数も減少の一途をたどっている。多様性や躍動感を欠くその風景の裏側に、自殺の多発など生命の危機に直面した日本社会の陰影が見え隠れしていないか。それら問題のありかは、農薬、化学肥料に依存する過度に工業化した日本農業のありようにあると思っている。いのちの原理に立った農業、果ては社会システムを待ったなしで構築すべき時機である。永く地道に自然農法を実践してきた人たちこそがその礎となろう。わたしの稲の旅は、それら希望の芽と出合い、証していくものでもある。（２０１２年１１・１２月号）

３０．落穂ひろい

もう３０年以上も前のことである。わたしは、国際原子力機関（ＩＡＥＡ）の派遣専門家として、当時世界で最も貧しい国といわれていたバングラディシュで稲の研究に従事していた。ＩＡＥＡは、国連食糧農業機構（ＦＡＯ）との共同研究部門を持ち、アジアの食糧生産支援の一環として、原子力利用による突然変異育種プロジェクトを進めていた。そのプロジェクトにかかわって、アジアの稲作で深刻な被害を与えていたイネ白葉枯病に抵抗性をもつ稲品種を育成しようとしていたのである。

雨季が近づく4月の中旬頃だったと思う。現地の若い研究者と近郊の田園地帯に稲の採集に出かけた。緑の平原は、やわらかな陽光を浴びてなだらかに起伏しながら、遥か遠く広く地平線にまで広がり、星のように無数の山羊、牛などの動物たちがゆっくりと動いていた。時に、水辺を飛び立つ鳥の羽音に驚かされるほどに、辺りは静寂に包まれていた。そんな風景の片隅で、収穫後の田をゆっくり行き来しながら落ち穂を拾う質素なサリーをまとった数人の女性の姿をわたしは何気なく眺めていた。

その時、わたしの最も好きな絵画の一つであるミレーの「落ち穂拾い」の静謐な画面を思い起こしていた。自然と動物や人とが悠々と調和して在るこの豊穣の風景とを重ね合わせていたのだと思う。しばらくそんな風景に見とれていた後、長く続いた沈黙を破るように、同行の研究者が、「あの女性たちは非常に貧しい」と語りかけてきた。その日生きていく糧を得るのが精いっぱいであるという。よく見ると、田の傍らには痩せこけた裸の赤ん坊が転がされている。彼女らの手にはわずかの稲穂しかない。一日中田から田へとさまよい続けても、一握りほどにしかならないだろうという。美しい風景の向こう側には人々の苦しい生活の現実が隠されていることを思い知らされた。

ミレーの絵の意味も真の価値もその時初めて気づいたといってよい。それから、時は流れて、バングラディシュも工業化が進み経済成長も著しい。一方、貧富の格差は一段と広がり、貧困はなおその社会の底辺に強く根を張っていると聞いている。彼の地には今も落ち穂を拾う人々はいるだろうか。貧しい人たちに落ち穂拾いを許容する田は存在しているだろうか。農業の高度な機械化、大規模化によって、収穫量が飛躍的に増大したことは確かである。しかし、同時に収穫量や富の分配の格差も拡大し、貧しい人々が救済される機会も少なくなっていったのではなかったか。

落ち穂拾いの風景も人知れずこの世界から姿を消しつつあるのかもしれない。あらゆる宗教が魂の救済に至る道として、弱者を助けることの大切さを説いている。わたしが日ごろ親しむ聖書にも、「畑から穀物を刈り取るときは、その畑の隅まで刈り尽くしてはならない。収穫後の落ち穂を拾い集めてはならない。貧しいものや寄留者のために残しておきなさい。」（レビ記２３章２２節）と書かれている。高度に機械化され整備された田にはもう落ち穂はないかもしれないが、今必要なことは、また新たな落ち穂

拾いの田をわたしたちの心の中に、そして社会に、創っていくことではないだろうか。（２０１３年１・２月号）

四・未来のいのちに責任を持つ

31．未来のいのちに責任を持つ

立春の始まる二十四節気最後の大寒を前にして、大仁農場ではまだ誰も訪れることのない梅園の片隅で蝋梅がひっそりと黄色い花を咲かせ芳香を放っている。北国からは大雪のニュースがしきりに伝えられてきている。稲作歴でいえば今は休息の時、豊作を祈りながら、一年の作業計画を立てる時節である。わたしはといえば日本列島の北から南へと点在する稲育種の田んぼに思いを馳せながら、最終段階に入っている育種試験の計画に余念がない。育種は自家採種の別名と言ってもよいが、品種づくりの成否はその自家採種あるいは選抜作業のいかんにかかっている。年の初め、ここでは、日本農業から消えつつある自家採種の農業におけるもう一つの意味について述べようと思うのである。

自然農法は、土を要として、植物、動物、人間へと廻るいのちの循環の中で営まれる農業であることはすでに述べてきたところである。農業は、豊穣の土でいのちを育て、いのちを食べて生を全うする営みであることも論を待たない。古来農人は、収穫の感謝と豊作への祈りをもって、神に最良の収穫物を捧げ、翌年栽培するための種を選ぶ作業を営々と繰り返してきた。自家採種は、与えられた収穫の喜びとともに、また次の年も家族が食べていくことができるようにとの祈りを伴う農業の重要事業であった。未来のいのちに責任を持つ倫理観は農の営みの中からこそ生じてきたのだと思っている。

江戸時代の三大飢饉の一つ、享保の飢饉（１７３２年）は西日本を中心に生じたものである。蝗害《いなご》によると伝えられているが、実際は空が暗くなるほどの雲霞《うんか》の大発生によるものであったらしい。やがて飢饉の影響は日本全土に及び、１００万人の餓死者が出たといわれる。当時の人口が２７００万人と推定されているところからもこの飢饉の悲惨さが想像される。このとき、伊予（愛媛県）の箇村という所に作兵衛というお百姓がいて、今に義農としてその名を留めている。飢饉は伊予にも及び、作兵衛さん一家も次々に餓死していき、ついに彼ひとりになってしまった。周囲の人たちは、彼が保有していた麦の種もみを食べて生き延びることを勧めるが、彼はそれをかたくなに拒み、その一斗（１０升、約１８リットル）の麦袋を枕にして、「自分の命は麦の種に比べれば軽い」と言って死に赴く。秋に、その種もみは畑に播かれて実をつけ多くの村人が救われたという（中島陽一郎、『飢餓日本史』、１９７６）。

作兵衛さんは、自ら採種した麦の種もみを守り、自分一人のいのちと引き換えに未来に続く多くのいのちを救ったことになる。いのちを支える最も根源的な営みである農業の醍醐味を余すところなくこの話は伝えている。自家採種は農業の最重要の役割とすでに書いた。しかし、現在定められている種苗法(*)では８４品目の作物で自家採種が禁じられ、なお、それは将来すべての品目に及ぶらしい状況である。今を覆う日本社会の混迷は、真の農業の衰退、そして未来のいのちへの想像力の欠如にその主要因があるのではないかと考えている。

わたしはいま春を待ちながら、自然の摂理に沿う技術と人の生き方を

問う自然農法の原点を確認し、この一年の育種試験に立ち向かう力と勇気を静かに養いたいと思う。（2013年3・4月号）

＊2020年種苗法全面改訂、すべての作物で自家採種権を規制する。違反した場合、最高懲役10年、罰金1000万円。

32．遥かなる武夷山の茶園

2012年5月の初め、中国10日間の旅の前半に雲南の棚田を訪ねたことは既に述べた。ここでは、その後半の福建省の旅について書こうと思う。かつてわたしの下で博士号を取得した中国人の教え子のひとり、陳文炳さんは現在福建省で輸出入食品の安全性検査の最高責任者として活躍している。陳さんの案内で省都の福州市から列車で6時間ほどをかけて中国屈指の景勝地、武夷山系の南に位置する武夷山市に行き、最高級品の烏龍茶を産するという茶園を視る機会があった。茶園は、天空に幾重にも連なって聳え立つ赤色を帯びた岩山の狭間に細長く拓かれていた。そこを、冷気を肌に感じながら、渓流に沿って登っていくとすぐ百年間自然栽培を維持してきたという茶園に行き着いた。

茶樹はいずれも百年前のままで、その間耕しも肥料も施さず、もちろん無農薬で栽培してきたのだという。茶園に生える草を時々刈り取って樹の根元に置いておく。茶樹は、樹齢の割には細く人の背丈よりも低い。また、疎植で風がよく通るように植えられている。樹皮はさすがに苔むしているが、茶葉の勢いは良い。機械は全く使用せず、茶摘みもすべて人手で行う。丁度一番茶の茶摘み時で、摘み取った茶葉でいっぱいになった大きな竹籠二つを天秤棒で担ぎ額に汗して降りてくる男たちに何度も出会った。

さらに案内され奥へと登って行くと、急斜面の岩肌にへばりつくように立つ「大紅袍《だいこうほう》」と呼ばれる樹齢五百年という茶樹が数本見えた。そこら一帯に栽培される岩茶の原木であるという。その茶はかつて国賓などの贈答品に使用されたが、今は茶樹の生命維持のため茶葉の摘採はしていない。自然栽培で絶品の茶が生まれる背景には、茶栽培に適した地形や気候条件もさることながら、赤い岩山の豊富な鉄分や種々のミネラルによるところが大きいと説明される。

９９年に世界文化、自然遺産に認定されているこのあたり、２０㎞平方内の茶園はすべて完全な自然栽培で保全されているという。人々は長い年月をかけ、美しく雄大な自然に寄り添って茶を育み文化を生み育ててきたのだろう。街で土産物店に入ると、店主自らが烏龍茶の作法そのままにお茶を入れその滋味を楽しませてくれる。陳さんの自宅でも同じようであった。茶をたしなむ文化は人々の生活に根付いているようであった。

武夷山市のとある大学で学生100名ほどに、陳さんの通訳で自然農法を語り、今後の人類の生き方を問う講演を行う機会が与えられた。講演後、多くの学生たちがわたしの周りに集まってきて感動や感想を伝えてくれるという嬉しい経験もした。その時ある女子学生が、わたしに手製の小さな十字架をプレゼントしてくれた。中国にもキリスト教が息づいているのかと妙な感動を覚えた印象的な出来事であった。

わたしが武夷山の茶園の中で、故郷に帰ってきたような懐かしさを感じたのは、そこでさりげなくそして素朴に自然や人々の生活に根差し生きている自然農法の息吹に触れたからに違いない。尖閣諸島問題を巡る中国と日本国の関係悪化や、北京の想像を超える大気汚染の報道に戸惑いながら、今、遥かなる武夷山の茶園や雲南の棚田、そして、教え子たちをはじめとする彼の地で出合った人々の篤い友情に思いを馳せている。国と国の闇が深くなっても、わたしの心に生きるそれらの光が弱まることは決してない。(2013年5・6月号)

３３．富士には自然農法水田がよく似合う

富士山が世界文化遺産として登録されたのは２０１３年６月のことである。日本の象徴として国の内外から憧憬される富士山としてはその認定は遅かったという印象もある。屋久島や白神山地が日本で初めて世界自然遺産に認定されて２０年が過ぎていた。実は、９０年代の初め富士山を世界自然遺産に登録する動きがあったが、環境問題が障害となって一旦は断念した経緯がある。富士山をめぐる環境が想像以上に悪化していることは周知のことだ。林立して煙を吐く製紙工場の煙突が富士の景観を損ねていることは誰の目にも明らかである。富士山の麓が産業廃棄物の捨て場になっていることもよく知られている。押し寄せる登山者による山中の環境汚染もまた深刻であるらしい。

２００６年の春、思いがけず富士山麓に位置する富士宮市の小室直義市長（当時）から、裾野一帯に点在する休耕田の利用法について相談を受けることになった。市は、当時、食を通して市民の健康と幸せを目指す「フードバレー構想」を実行に移し始めていた。白糸の滝地区を中心とした傾斜地で、何十億円というお金をかけ２０年以上にわたって基盤整備を行ってきた水田の多くが減反政策のあおりを食って休耕田のまま放置されているのだという。案内され、現地に赴くと、確かに灌漑設備の整った水田の多くが草に覆われ荒涼と広がっていた。この有様もまた富士山の景観や環境を著しく壊しているので

はないか。「富士山麓の水田をすべて自然農法で復活させればよい」。その時わたしの脳裏に去来したビジョンである。

すぐに市役所の人たちと当地区仮宿の集落内に一反二畝ばかりの放置水田を借りて自然農法を実践する、「(富士宮) 田んぼの学校」(*)を開設することになった。当初は、周囲の農家から、農薬を使用しない自然農法では病虫害や雑草が蔓延して困るという非難の声も上がった。しかし、当の農家の子供たちが通う地元中学校が授業の一環としてこの試みに参加するという幸運もあった。やがて農家の人たちも、自分の子供や孫たちが素足で楽しそうに水田で作業する姿に接して自然農法に理解を示すようになる。1年目の収穫の秋、真っ青の空と富士山を背景に、われらが田んぼの上にだけ、無数の赤とんぼが乱れ飛ぶ不思議とも幻想的ともいえる光景が現出した。何よりもこの妙なる自然の配剤を目撃した誰もが驚愕し自然農法のまことの価値を悟ったに違いない。

日本は古来、瑞穂の国とも秋津の島とも称されてきた。秋津は蜻蛉《とんぼ》の古名である。とんぼが生じ群飛する美しい稲田の国と言ってもよいだろう。元より富士山は日本の中央に聳え立ち、霊峰として日本人の魂の拠り所ともなってきたのではなかったか。その富士山を抱く水田群が荒れている。水田はあってももはや実りの秋に赤とんぼが群れて飛ぶことはない。わたしたちが始めた試みは夢の実現にはなおはるかに遠い。しかし、地域住民や子供たち、市民そして行政が一体となって、健全な土を耕し、稲を育て収穫して、米を炊いて食べるという経験の意味は極めて大きいと思う。このようにして、食べる基本を取り戻し培われる地域の人たちの健康な心身こそが、最終的に富士の景観や環境を創造し守っていくことになるのだから。（２０１３年７・８月号）

＊わたしは、大腸の手術をきっかけにして3年でこの試みから辞退することになったが、「富士宮田んぼの学校」は今も続けられている。

３４．農と食の倫理

「倫理」という用語は、何か堅苦しさがつきまとってなじめない感じを抱いていた。しかし、「倫理学とは共に生きることを学ぶ学問」と説くドイツ人牧師、ディートリッヒ・ボンフェッファー（１９０６～４５）の言葉に触れて、その用語は身近なものとなった。牧師が、『倫理』をライフワークと定め執筆にとりかかったのは、１９４０年、ヒットラーが、欧州制圧に乗り出す時機である。１９４３年ヒットラー暗殺計画加担の理由で逮捕されて、執筆は中断し、獄中生活の後、１９４５年4月9日の早朝、３９歳の若さで刑場の露と消えたのである。しかし、獄中においても、『倫理』をめぐる思索は続けられ、その痕跡は断片原稿や紙切れへのメモなどとして多く残されることになった。友人のエーベルハルト・ベートゲがそれらを集め編集したのがボンヘファー最後の著書となった『倫理』(『現代のキリスト教倫理』、森野善右衛門訳、信教出版社）である。

コロナ禍や気候変動による異常気象の度重なる惨禍に悩まされる現在、倫理観の喪失が最も重要な人類の課題として取りざたされている。この時、ボンヘファーの「共に生きる」という倫理観や利他愛に生きた彼の生き様が蘇ってくる。それにしても、こんがらかった糸のように複雑に絡み合った諸々の悪の要因を解きほぐし、「共に生きる」をいかに実現することができるのか？　このような設問に悩む中、山極壽一博士の講演を聴く機会が与えられた。ゴリラ研究の世界的権威として知られる博士は、京都大学総長や学術会議会長を歴任した後、現在は総合地球環境学研究所所長として、混迷した社会に多くの貴重な提言をし続けていることは周知のことである。

山極博士は、アフリカの森林でゴリラと寝起きを共にする生活をしてきた稀有の人である。その経験から導かれる、類人猿のゴリラとさらに進化した人間との対比の話が面白い。ゴリラと人間の違いは、食べ方の違いによって決定づけられるという。ゴリラも人間も家族を単位とし群れを作って棲むことは両者共通である。しかし、ゴリラは食べものを各自で調達して食べるが、人間はだれかが食卓に持ち込んだものを分け合って食べるという違いがある。人間が人間である理由は、食べ物を「分け合って食べる」ことにあるというのである。ここに、共に生きる、倫理観の糸口があるのではないかと気づかされる。

実は、食卓を囲む風景は日本社会において大きく揺らぎ始めて久しい。この事はこれまで本稿でも何度か触れてきた。「孤食」という新語は、子供が一人で食事をすることであるらしい。さらに最近は子供の6人に一人は相対的な貧困状態にあり、子供がいや大人も十分な食事が与えられない場合も多くある。世界でも、飢餓人口は推計8億2000万人以上に及び（国連、『世界の食量安全保障と栄養の現状』、2019年）、貧富の格差は想像を超えた広がりを見せている。

山極博士の話に戻ろう。ゴリラが食べものを各自で確保してきて食べるのは、他者から与えられる食べ物の安全性が保障されない恐れによるらしい。人間の場合は、他者から与えられる食が安全であるとの信頼あるいは共感に基づいて分け合うことができるのだという。しかし、一方、供給される食糧がまことに安全であるかどうかが疑問視される食事情にわれわれは直面している現実がある。食卓に上ってくる食べものが、多くの場合、どこから来るのか誰も知らない。農薬、化学肥料、食品添加剤、保存料はたまた成長ホルモン等々、食品が汚染されている現実が多くの資料によって証されている。今喫緊に望まれることは、食料を育て生産する農業と食べること、すなわち農と食を繋ぐ営みであるだろう。それが、共に生きる倫理観を実現する一つの土台となるに違いない。

工業化・都市化、グローバリゼーション、果ては新自由主義という低福祉、規制緩和、自己責任、競争原理、労働者保護の廃止を促進するような、いわば嵐が世界を覆っていることは確かである。嵐吹きすさぶ地球の大地には、しかしながら、いたるところに希望の芽も吹き出していることに目を留めることも必要である。２０１２年、東京のある八百屋の女性店主によって始められた貧しい子供たちに食事を提供する「子供食堂」は今や全国に広がり国民運動の様相を帯びている。１９８９年、イタリアで始まった「スローフード運動」は世界的広がりを見せている。さらに、有機農業や自然農法運動は地道ではあるが国際的に持続的な歩みを絶やすことがない。

ボンヘファー牧師と山極博士という一見何の脈略もないようにみえる二人の人物を取り上げたが、両者に共通するメッセージは未来への希望であると思っている。（２０１３年９・１０月号、２０２１年一部加筆）

３５．故郷の再生

稲の育種試験も９年目の秋を迎え佳境に入っている。９月以降、鳥取、石川、佐渡、三条（新潟県）、秋田、仙台と巡り歩いて選抜の作業が続いている。稲の全国行脚はなお１０月の中旬までは続けられる。日本の秋の風景を南から北へとつぶさに経験できることの幸せを感じながらのことである。今年は、記録的な集中豪雨と台風１８号の惨禍にも直に遭遇することになり、いずれの地域でも、べったりと倒伏する稲の光景を目にせざるをえなかった。そのような水田にはもはや日本の秋を彩る黄金色の輝きはなかった。しかし、自然農法の稲は、例外なく、すっくと立って金色の穂をなびかせていたのが印象的である。

現地の試験田に立った時、わたしは故郷に帰還してきたという感慨を持つことが多い。その一方で、生まれ故郷の街（福井県越前市）に帰っても故郷に戻ってきたという感慨は薄い。そこはかつて越前の小京都とうたわれた美しい街並みを誇っていた。南北に長く伸びる市街地の道路中央には、両側に松並木を擁する水路を清い水が音を立てて流れていた。しかし、高度経済成長が始まる頃、商店の商売の邪魔になるとの理由で取り払われコンクリートで埋められてしまった。今は、シャッター通りと化していて、車ばかりが往来している。

平安朝の昔、父と共にしばらく滞在した紫式部もその美しさをうたった越前富士（日野山）の山肌はブルドーザーで傷つけられ、街に沿って流れる日野川（日野山を源流とする）の岸はコンクリートで覆われている。

故郷には、いみじくも国民的唱歌ともなっている『故郷』に歌われるとおり、青い山と清い川がなければならない。さらに、欠かせないのが人である。人々がその自然の中で共に生きる息吹がなければならない。実は、わたしが訪れる育種試験の地域には、わたしが言う故郷の条件を満たしているところが多いのである。そこで、わたしは青い山と、清い水の流れと、自然農法をめぐって紡ぎ出される人々の繋がりの暖かさに触れることができる。故郷に帰還して生命を実感する経験といってもよい。

「真の文明は、山を荒らさず、川を荒らさず、村を破らず、人を殺さざるべし」。これは、生涯をかけて足尾銅山鉱毒の公害事件と闘った田中正造（１８４１～１９１３）の残した言葉である。今年は没後１００年に当たるが、残念ながらわたしたちの社会は彼の高い志をこの一世紀の間引き継いでくることはなかった。水俣病をはじめ神通川イタイイタイ病、四日市ぜんそく公害などの例を挙げるまでもない。３．１１のフクシマ原発事故では放射能汚染によって１５万人以上の人々が故郷を失ったままである。ちなみに、足尾銅山事件にかかわっては、谷中村の村民２７００名ほどがその故郷を永遠に失ったとされる。

いわゆる安易なグローバリゼーションやお金優先の経済成長が進むほどに、環境は破壊され、飢餓人口は増え、経済格差は広がっていくという矛盾の前にわたしたちは立たされているのである。人間の欲望を限りなく膨張させる経済成長至上主義を脱し、地域の自然や農業、文化を守り育んで共に生きる村あるいは故郷の再生こそが今最も緊急になされるべきことと考えている。自然農法は故郷再生の重要な原動力となる。わたしの稲の行脚は、未来への希望を発見する旅といってもよいだろう。（２０１３年１１・１２月号）

３６．地域適応性（地域で種を育てる）

わたしの秋の選抜作業も、全国の試験田を巡り歩いて、１０月中旬にはすべて無事に終えることができた。その頃になると、稲はほぼ刈り取られ、日本の田園風景は黄金色の秋から一挙に土色を晒す冬へと変貌する。１１月の初め、そのような風景を心に描きながら、北国に向かう車窓から目にしたのは、思いがけず、一面に広がる緑豊かな田の風景であった。稲の切り株から旺盛に叢生する幼苗がその風景を造っていたのである。それは、雪の到来に抗うように、生命の再生を訴えるまたひとつの晩秋の風景である。

さて、表題に掲げた「地域適応性」は、現在進めている育種の主要な目標のひとつである。それぞれの地域に適応する、あるいは各地域で安定して収量を上げる能力を示す品種を育成しようとしている。

実は、ここ半世紀ほど、日本および世界の育種は、ひたすらそれとは反対の「広域適応性」を目指してきたのである。アメリカが国策として推進してきた小麦や稲の品種改良においては、広域適応性の品種が多数育成され、広くアジアをはじめ世界の隅々にまで普及していった。これによって、世界の穀物の収量は飛躍的に増加した。それを「緑の革命」と呼んでいる。これらの品種は多量の化学肥料の投与に耐えて収量を上げる特徴がある。アメリカは、この種と化学肥料をセットにして世界に売り込む戦略で多大の利益を得ることに成功した。

緑の革命は、飛躍的な収量増加を実現した一方、新しい多収性品種の導入によって、地域の在来品種や伝統的な農業技術が駆逐され、化学肥料・農薬の多用による環境汚染など負の遺産も多く残した。その推進のため、新たに設置された灌漑施設は、地下水の低下を招き乾燥地などの砂漠化に拍車をかけることにもなった。このようにして、地域の農業や文化が崩壊し、多くの農民たちを都市のスラム街に追い込んでいくという結果にもなった。わが日本でも、このところ、栽培作物品種の画一化の傾向が著しいことは周知のことだ。稲作付面積の４０％近くを占めるコシヒカリの例を挙げるまでもないであろう。

農業の始まりとともに、育種は、農民自らの手で営々とその生活の場所（地域）の自然や風土に合わせて進められてきた。その典型的な例を江戸時代の稲の品種改良にみることができる。育成された品種の多様さとともに地域の環境に適った農業技術のレベルの高さには目を見張るものがある。農民たちが、自ら種（品種）を育成し米の収量を増加させながら、幕府の重い年貢取り立てに対抗し生き延びていった証である。農民が種や技術・知識を自由に交換し、互いに助け合って地域を守っていった事実にも注目したい。

種は、いつしか、農業の営みを直に担う農民の手を離れ、国や企業(＊)に委ねられるようになる。この過程で、地域で生まれ育てられてきた多くの多様な種（品種）が失われていった経緯がある。その反省もあるだろう、最近、地域在来の穀類や野菜の種を探し育てることがひとつのブームになっている。わたしたちが進める「地域適応性」の種づくりは、もう一度農業の原点に返って、地域の農業の現場で農家の人たちと共に、その土地の環境や風土に合うものを創ろうとするものである。古くて、そして新しい試みといってよいだろう。それは同時に、わたしたちが目指す自然農法をよりよく実現するための確かな道でもある。（２０１４年１・２月号）

＊２０１８年「種子法廃止」によって、国は種を企業に委ねることになった。

五・自然農法と有機農業

37．自然農法と有機農業

自然農法と有機農業はどのように違うのかと問われることが多い。ここでは、そのような質問に日ごろわたしが答えている内容をかいつまんで記しておきたいと思う。自然農法は、岡田茂吉師（１８８２〜１９５５）が提唱し、奨励普及して、その思想と技術が受け継がれ今日に至っている。師が自ら陣頭に立って自然農法の推進を図ったのは、戦前から戦後１０年の生涯最後の十数年のことである。その時期はちょうど日本人が食糧難によって疲弊していたころと重なる。自然農法の目指すところが日本人の心身の癒しあるいは蘇生にあったことは容易に想像される。

自然農法は、「自然の摂理に沿い、土本来の力を生かす」を原則とする農法であることを繰り返し述べているが、その背景に「人間には自ら病気を癒す能力（免疫）がある。その能力を引き出すのが真の農業であり、医療である」という岡田師の生命感が息づいている。一方、有機農業の提唱者、英国の農学者、アルバート・ハワード博士（１８７３〜１９４７）は、「すべての生物は生まれながらにして健康である。その摂理は、土、植物、動物、人間を一つの鎖の輪で結ぶ法則に支配されている。第一の輪・土壌の弱体は、第二の輪・植物に影響し、第三の輪・動物を侵し、人間に至る」と語る。岡田師の自然農法とハワード博士の有機農業の基本的思想を比べて、両者に違いがないことが分かるであろう。「森を見なさい。森は何千年、何万年と人が肥料や農薬を施さなくともいきいきと美しく生き続けているではないか」と、語るのも両者に共通のことであった。

両者とも土を基盤にした自然あるいは生態系の循環を重視した農業体系であるといえる。もう一つ、両者に共通する重要な点は、農法の中心に、人間の心身を明確に位置付けたことである。ハワード博士にしても、パブリック・スクールの生徒を対象に、有機農産物を食べさせて健康状態を診察する試験を行って、有機農産物が心身を健康にすることを実証している。

基本的思想は同じと言いながら、しかし、両者の手法については明らかな差異が認められる。博士は、動物糞尿と植物材料を何層にも積み上げて腐塾させた堆肥を考案し、それによって土壌の腐植性を高めることに技術的主眼を置いた。それに対して、師は、動物や人間の糞尿は用いず、植物質堆肥によって土壌の腐植性を高めると同時にそれを出来る限り清浄に保つことを勧めた。思想が生まれ来る風土によって、その思想を実現する手法が異なることは自然の理であろうとわたしは考えている。

岡田師は、ハワード博士の思想をアメリカに伝えてアメリカ有機農業の開拓者となった、ロデール氏（１８９９～１９７１）と書簡を交わしながら、互いに自然・有機農業を推進し世界の平和に貢献しようと誓い合っている。このことから、岡田師とハワード博士とは互いにつながり共鳴し合っていたという言い方も可能だろう。岡田師は確かに、栽培手法についての具体的な指摘も多くある。しかし、わたしたちは、「私は、自然農法の原理を示したのであって、それを実現する具体的な技術は、皆さん自身が農業の現場にあって、工夫し考えていってほしい」と言う師の残した言葉に真摯に耳を傾けなければならない。（２０１４年３・４月号）

３８．稲のことは稲に聴け

「稲のことは稲に聴け」は、日本の近代農学の父と呼ばれる横井時敬《ときよし》博士（１８６０～１９２１）のよく知られた語録のひとつである。博士は、明治１０年（１８７７年）、札幌農学校より１年遅れて東京の駒場に開校された駒場農学校に学ぶ。駒場農学校では、西洋近代科学の学理を学ばせるために、イギリス人やドイツ人教師を多く招聘しながら、一方で、日本の伝統的農業に精通する老農と呼ばれる農家を登用するユニークな教育を行っていた。農業の現場に立つ実学を重視する博士の農学思想は、このような教育の土壌によって培われたのだと思う。

稲に聴け、という言葉の重みを本当に感ずるようになったのは、実は、大仁農場で実際に稲の育種を始めてからのことである。それ以前、大学で４０年近くも稲の研究に携わってきた経緯がある。しかし、研究の場においては、稲は生きものではなく、単なる実験材料となりがちである。研究論文作成のデータを取るために、稲はものさしや分析器具を用いて測定される。わたしも、いつしかそれらに依存するようになっていなかっただろうか。今は、何万ともいえる田の稲を観て歩き、目標に適った個体を選抜する育種の現場に立ち、頼れるものはわが心身の稲に対する感性であると自覚するようになっている。

大仁農場で育種を始めた頃、たまたま縁あって、電話をとおして苦しみ悩む人の心に寄り添い、その人が生きる力を取り戻す手助けをする「いのちの電話」のボランティア活動に関わるようになった。そこで、改めて「聴く」ことの大切さを教えられ、日々その意味の深さを考えさせられる機会に恵まれた。「人のことは人に聴け」ということにもなろうが、わたしは、「聴く」を懸け橋として、人と稲のいのちの間を行き来し、仕事をしているということになるだろうか。ちなみに、「聴」を漢和辞典で引いてみると、よく注意して聞くといった一般的な意味に加えて、従う、自由にしておく、待つ、受け入れる、許すなどの意味にも出合う（長澤編、『新漢和中辞典』三省堂、１９６７）。漢字研究の泰斗、白川静博士によると、その語源は人が神に祈る姿に遡るという（『字通』平凡社、２０１４）。聴くことは神の声を聞くということになろうか。声なき声を聞くということにもなろうか。いずれにせよ、「聴く」ことの意味の深さが身に染みてくる。

横井博士は、今もなお名著として語り継がれる『栽培汎論』（１８９８）を著わした農学の先達である。

農業の現場を重視する博士が開発した、「塩水選法」（１８８２年）は１００余年後の現在も稲作農家の基本技術として生きている。そのようなわけで、わたしは、殊に博士には大きな興味を抱いてきた。しかし、わたしが心惹かれる宮沢賢治や足尾銅山鉱毒事件に関わり歴史に名を留める田中正造と博士が深くつながっていたことは最近知ったばかりである。賢治は、盛岡高等農林在学中、農民の側に立つ博士の講義に感動し、大きな影響を受けた（『石っこ賢さんと盛岡高等農林』、井上克弘）。博士は、また、正造の闘いを学者の立場から支援し、終生この公害事件を告発し続けた。

博士は、「農学栄えて、農業亡ぶ」と、農業や農民の現実から遊離していく農学のありようを当初から警告していた人としても知られる。人類は、今「科学栄えて、人間亡ぶ」という方向に限りなく近づいているようにも思われる。先達の残した言葉に耳を傾ける時であろう。わたしは、まだ、稲の声を聴ける境地には至っていないが、少しずつそれを目指して自然農法の道を歩んでいきたいと願っている。その道にこそ真の農学への道が拓かれていることを信じながら。（２０１４年５・６月号）

３９．食べものとからだ

バングラディシュのある農業研究所で稲の研究指導をしていたことがある。３５年ほど前のことである。バングラディシュは、独立して間もないころで、世界最貧国といわれていた。街には路上生活者があふれていた。貧しい国のために尽くしたいという使命感に燃えて、若いわたしは過酷な研究条件の中でしゃにむに働いた。そんなある日のこと、突然激しい下痢と嘔吐に襲われ、極度の脱水症状に陥った。身体は一滴の水も受け付けず、衰弱して意識朦朧のまま、近くの病院に運び込まれることになった。病院といっても、何の施設もなく不衛生極まりないように見えた。点滴用のビニール袋は汚れて埃にまみれていたけれど、その点滴を三昼夜続けて、４０℃の高熱と酷い頭痛から解放され、ようやく生命の危機から脱出できたようであった。

何とか生きながらえ、病院のベッドの上で考えていたことは遥か日本のたべもののことばかりであった。現地の食事には全く食欲が湧かず、塩味のきいた白いおかゆと梅干のビジョンが心身に広がって、狂おしいまでにそれらが食べたくなった。ようやく、日本から梅干を持参していたことを思い起こし、親切に看病してくれていた現地の若い研究者を介して、宿舎の料理人に日本式おかゆの作り方を教えることになる。料理人は、わたしの願いに応えてお粥を作り日々病院に届けてくれた。このお粥と梅干のおかげで、わたしはみるみる快方に向かい無事退院することができたのである。

人はいのちの危機に瀕した時、いのちへの感性は敏感になる。これは、いのち本来の理「生きる」に適ったことであるに違いない。重篤な病人が、普通の食事ができなくとも、自然農法の米なら喉を通る、という話はよく耳にする。その人たちは、健康な状態にある者には感じられない微量の毒素やあるいはいのちを育むほんのわずかな要素を感じ取っているのではないかと思う。かつて本欄で、わたしが腸の手術をした一年ほどは、心身が食べものに対して極度に敏感になっていたという話を書いた。ちなみに、その間、わたしの心身は、食べ物に限らず花やあらゆる自然の美しさにも格別敏感に反応していたように思う。

「身土不二」という良く知られた言葉がある。それは、「人（の心身）と土は同じもの」という意味に違いないが、人と土を同類のものとして結び付けているのが食べものであるに違いない。「身食不二」という言葉もまた可能であろう。土、食、人は確かに一つのいのちとして繋がっている。それ故に、土のありようが心身のありようを左右するごとく、食のありようもまた心身のありように影響する。頻繁に取りざたされる環境や食品の汚染にみられるように、これら土や食のありようが今真剣に問われなければならない。人間の心身とりわけいのちへの感性そのものが破壊されたときこそ人類は終焉に向かうのだと思う。

以上の観点を視野に入れながら、稲の育種を開始して今年は１０年目の節をむかえている。初心に帰って、望みが成就する最終のコースを歩んでいきたいと決意している。大仁農場では、桜が移ろい若葉が萌え始める４月中下旬に育種用の種を播き、今は若苗が元気に育っている。苗を雀害から守るために泳がせた鯉のぼりは、苗床の真上で風をはらみながら、若苗たちを祝福し守っているように見える。（２０１４年７・８月号）

４０．モンゴルへの旅

２０１４年5月下旬、１週間ばかりモンゴルに行ってきた。日本の4倍といわれる国土の8割を草原が占める遊牧民の国である。近年、豊かな埋蔵資源によって著しい経済成長を遂げる一方で、貧富の格差は拡大し、食糧問題もかなり深刻であるらしい。冬にはマイナス４０℃にもなる過酷な気候条件にあって、農業には不向きな国である。しかし、わたしが現在進めている育種の手段によって、モンゴルへの稲作導入も可能と考えている。モンゴル国立農業研究所を訪ね、現地の研究者たちとその実現を目指す道筋を探るのが旅の目的であった。

モンゴルでの稲栽培の試みは、実は、日本作物学会の名誉会員でもある著名な農学者、折谷隆志博士によって行われてきた。博士は、ここ10年以上、モンゴルの首都、ウランバートルで稲の栽培と育種の実験を試み、当地のごく短い夏季の間に実る品種も育成している。当地への稲作導入は可能と示唆しながら、なお多くの解決すべき課題があるという。「わが国が寒冷の地、北海道に稲作を導入していったように、特に、モンゴル国（政府）が、国策として取り組み、国民と共に永く忍耐強く努力していくことが必要」と博士は訴える。

わたしが座長を務める、日本国のアジア支援のための突然変異育種プロジェクト（熱帯および東アジアなど11か国が参加・文部科学省主宰）において、折谷博士の事例を紹介しながら、モンゴルへの稲作導入に挑戦しようと提案した。モンゴル代表の、国立農業研究所所長、バヤルスークさんが篤く呼応してきて、モンゴルで初めて稲の研究を国の研究課題として取り上げることになったのである。ちなみに当研究所は、小麦作のモンゴルへの導入を契機に設立され、当年で50周年を迎えたところである。

バヤルスークさんと新たに稲作研究の担当者となった2人の女性研究者と共に、車で、稲の栽培試験に挑む何人かの現地の人々を訪ねることになった。研究所からは何百キロも南方にあるウブルハンガイ県の村を目指す。行けどもゆけども、なだらかな丘陵が重なる緑の草原が遠くへと広がる。空と草原のみの風景だけれど見飽きることはない。所々、羊や山羊や牛などが星のように群れてゆっくりと動いている。時には、野生馬の一群がたてがみをなびかせ疾走する光景にも遭遇する。車は幾度も草原の只中を、流れる川の浅瀬も渡って走る。ようやく訪ねた人々の稲の栽培は、いずれも、ビニールハウス内や戸外で設えた手製の２、３坪ほどの田に苗が植えられているといった程度のものであった。しかし、彼ら自身の稲に寄せる熱い思いを身に染みて感ずることができた。確かに、遊牧の民の国で、稲作導入の芽はわずかながら萌えはじめている。

モンゴルの人々にとって草原は生きる基盤であり文化そのものである。彼らは、雄大な自然の中で草を食んで育つ羊などの動物を糧として生命を紡いできた。車窓からは折々に広大な草原の一角を占める小麦畑を見かけるが、わたしは何気なく農薬のことを聞いてみた。研究者たちは少し戸惑いながら、特に、除草剤の使用はさけられないという。「それは、モンゴルの文化そのものを否定する矛盾をはらむことになるのではないか」環境意識の高い彼らの心情を思いやってわたしは言葉を飲み込んだ。わたしはモンゴルの大草原・文化と共生できる自然農法の稲作を導入したいと願っているのである。（２０１４年９・１０月号）

４１．モンゴルへの旅②

モンゴルに降り立ち、首都ウランバートルで過ごした最初の一日は終日雨であった。気温は１７℃。市街地の裏通りにあるホテルの窓から恨めしく空を眺めていたが、当地ではまさに恵みの雨であり、それは夏の到来を告げる証でもあったのだ。モンゴルは、極端に降雨量の少ない、平均海抜が１６００ｍほどの寒冷な高原の国である。年間降雨量の７０～８０％の雨が6月から8月にかけての夏に集中して降るといわれる。その夏の平均気温は１９～２０℃である。稲を栽培するならこの短い夏の期間に限られる。

その雨の翌日、わたしはモンゴル国立農業研究所所長バヤルスークさんや2人の女性研究者と共に４００㎞離れたゴビの砂漠に近いカラコルム地方（ウブルハンガイ県）で稲作に挑戦する人々を訪ねた。それについては本稿の前回で触れたとおりである。実は、その時、興味ある話を聞いた。今を時めく横綱白鵬関が、数年前、彼の故郷であるその地で、日本人農家の手を借りながら、祖国に稲作を導入するプロジェクトを開始したというのである。わたしたちが訪ねたのは、それに呼応して稲作を試みることになった人々であったのだ。国が稲研究に踏み出す動機ともなったにちがいない。いずれにせよ、その背景にはモンゴルの人々の米という食べ物への関心の高まりがあることは確かだろう。

旅の最後の２日間は、首都ウランバートルから北方２００キロほどに位置する都市、ダルハンの国立農業研究所に滞在した。そこでは、当地に適応する品種を探す目的で、フイリッピンの国際稲研究所から取り寄せたという７０ばかりの稲品種の苗を温室内で栽培し比較試験を行っていた。研究所の稲研究に力を注ぐ強い意欲が伝わってきた。しかし、遊牧の国に生きる研究者たちにとって、稲は全く未知の生き物である。彼らが稲を前にして戸惑っている様子もまた明らかであった。

屋外に新たに造成されてあったいくつもの試験用のミニ水田（２×１０ｍ）は、漏水が激しく、使い物にならない。急きょ思い立って、研究所中のバケツを集めてきて、「バケツ稲」作りの指導ということになった。その時、わたしは、温室のわきに捨ててあった使用済みの土壌に目をつけて、手に取って匂いを嗅いでみた。使用の可否を確かめるためである。その行為に、現場に居合わせた研究者たちは、何か異文化に遭遇したように驚き、関心を抱き、そして、すぐにその意味を理解したようである。土が大切であることを。遥か異国の人々と共感しながら田植えをし（バケツに）、稲の種を播く経験ができたことを喜んでいる。また、広大な圃場の麦畑の一角を耕し、稲の種を蒔いた。研究所の研究員たちも研究所５０年の歴史の中で初めて稲の種を蒔いた記念日であると喜んでいた。

カラコルム地方への旅の途中、アスファルトとの道路から脇道にそれて草原に下り休息しているとき、草原のかなたから大きな音を響かせて一匹の羊を肩に担いで運転する男のオートバイが勢いよく近づき通り過ぎていった。群れから迷い出た羊を探し出して連れ帰っているところだと同行の研究者たちが言っていた。その時の光景が今も心に残って離れない。「百匹の羊を持っている人がいて、その一匹を見失ったとすれば、九十九匹を野原に残して、見失った一匹を見つけるまで探し回らないだろうか」という言葉が聖書（ルカによる福音書15章4節）にある。思いがけず、聖書の言葉が目前に現れたかのようであった。モンゴルにおいては、九十九匹の羊を野原に残し、迷い出た一匹の羊を必死に探し救い出す光景はなお日常生活の一コマである。

羊は、過酷な環境を生きる遊牧民にとって、その衣食住を支える最も大切な糧となる。その肉や乳は、彼らが特に必要とする脂肪やたんぱく質を、ヤギなどに比べても多く含む。毛や皮は、もちろん極寒をしのぐ衣服や住居の最適の材料である。しかし、一方、羊は非常に繊細なうえに、群れから迷い出やすい習性があるという。迷い出た羊は、すぐに強いストレスに晒されて生きていけない。山羊や牛が草以外にも木の芽や樹皮などを食べて生きていけるのに対して、羊は草しか食べない習性もある。モンゴル草原で見た羊の群れには多くの山羊や牛が混在していた。そうすることによって、群れの移動をスムーズにし、迷い出る羊を防ぐことができるとのことであった

モンゴルも例にもれず、都市化、工業化そして経済成長も急激に進んでいる。茫漠とした草原に迷い出た一匹の羊を探し、助け出す遊牧民の心に脈打ってきた精神はなお永く生き続けるだろうか。稲作を

導入するにしても、モンゴルが長い歴史の中ではぐくんできた風土や文化に寄り添う細心の配慮が必要であることは言うに及ばない。（２０１４年１１・１２月号）

４２．育種十年目の秋

９月から２か月をかけて日本の北から南へ巡る稲の行脚を終えて大仁農場に戻ってきた。今は、農場を囲むコナラ、クヌギ、山栗の雑木林を渡ってくる秋冷の風を感じながら、この秋最後の選抜作業を行っている。ここ大仁農場で自然農法に適応する稲の品種改良を始めて１０年目になる。各地域で育種を展開するようになってからも、地域によってその年数は異なるけれど、長いところでは７年の月日が流れた。いよいよ稲の品種育成も仕上げの時期に入ったといってよい。

実は、７月に一度沖縄（大宜味農場）で１期作稲の選抜を実施したのち、９月より石川（津幡町得能順市さん）、新潟（三条市関勉さん）、鳥取（八坂農場）、秋田（横手市佐藤清さん）、宮城（仙台市若生隆夫さん）、栃木（大田原市加藤英治さん、那須町稲沢裕二さん）、福島（大玉村八巻栄光さん）、北海道（由仁町水野宏哉さん、名寄農場）、新潟（佐渡市北野源栄さん）、岡山（矢掛町横畑光師さん）、熊本（湯前町椎葉武馬さん）の圃場を順にめぐり選抜作業を行ったのである。ここで、各地域において共に働く農家のお名前を上げているが、各地域における育種は担当の自然農法普及員のリードによって実施されていることも記しておかなければいけない。

わたしが大仁農場に赴任した２００５年の夏にいろいろな品種間の交配を行った。例えば、明治時代に農家の手によって育成された、東と西日本をそれぞれ代表する「亀の尾」、「旭」や、超多収性のインド型品種「タカナリ」と良食味の「あいちのかおり」の交配などである。前者の交配においては、特に、コシヒカリやササニシキなど多くの近代品種のルーツとなった「亀の尾」や「旭」を用いて、自然農法の場で育種をし直してみたいという思いがあった。多種の交配を試みたが、いずれも自然農法で多収性を示し、良食味かつ健康に良い品種を創ることを育種目標としていることに変わりはない。

上記交配組み合わせの育種は、親品種間の雑種集団（遺伝的分離が起こる第2代・Ｆ２以降の）から優良個体を選抜し、それらを次世代の系統として栽培し、系統間の比較と選抜を重ねて今年はＦ９（交配後第9代）系統に至っている。「旭」と「亀の尾」の交配組み合わせについては、北海道、秋田、福島、大仁農場、熊本において、「タカナリ」と「あいちのかおり」については、栃木、石川、大仁農場、岡山、鳥取において選抜試験を繰り返して、現在はそれぞれ品種候補として１０系統に絞り込んでいる。これらに、品種名に準ずる、例えば熊本の「湯の前１～１０号」のような系統番号を付けて、気候風土の異なる数か所の地域で栽培を試み、地域への適応性を評価する適応性検定試験を開始している。

かつて、品種改良は農民自らの手によって行われてきた。育種は農業そのものであることもこれまで何度か指摘してきたところである。自然農法で重要視される自家採種は育種のひとつの形態であるといってよい。農薬や化学肥料に依存し、過度に経営効率に偏重する近代農業のひずみはだれの目にも明らかである。これから創成されていく多彩な種・品種は、岡田茂吉が提唱した自然農法の基本思想「自然の摂理に沿い、土本来の力を活かす」に適う農業の実現にこそ生かされることを願っている。（２０１５年１・２月号）

４３．少年よ、大志を抱け

少年よ、大志を抱け　①

稲の育種で全国を巡り歩いていると、思いがけないところで、日本の歴史や人々の心に大きな影響を与えた場に遭遇することがある。「場」の意味するところは、ありていに言えば名所旧跡ともなるが、空間や時間を超えて広がるエネルギーの源といったほうがぴったりとくる。昨年秋、北海道由仁町の育種試験地（水野さん水田の圃場）に赴いたとき案内された北海道稲作の発祥地もその一つである。由仁町から西方に20キロほど離れた、恵庭市島松の国道わきに位置するその場に、車を走らせ着いたのは冷たい秋雨の降る黄昏時であった。ひっそりとしたたたずまいのその場にあって、『寒地稲作この地に始まる』と刻んだ石碑が光って見えた。わたしは、心躍らせながらその前に佇んだものである。

寒地稲作の父といわれる中山久蔵（1828〜1919）が、悪戦苦闘の末、この地で一反ばかりの水田を開いて5俵（300kg）ほどの収量を上げたのは明治6年（1873年）のことである。石碑の後方には、その時の水田がそのままの形で残されていた。中山にとって最大の課題が低温対策にあったことは容易に想像される。彼は昼夜を問わず風呂で湯を沸かし苗床に注いで苗の成長を促したと伝えられている。もう薄暗くこの水田の仕組みをよく観察することはできなかったが、水温を高めるいろいろな工夫がこの水田にはなされているとのことであった。それは、決して過去の遺物ではなく、未来の農業技術を拓くヒントを多く隠し持っているかもしれないのだ。

その石碑のすぐ傍に、『少年よ、大志を抱け』と刻んだ有名なクラーク博士（1826〜1886）の記念碑がそびえるように立っているのを見つけ驚いた。札幌農学校を去る博士が見送ってきた学生たちに、「少年よ、大志を抱け」と呼びかけ別れたのもこの場であったのである。明治9年（1877年）4月の事であった。このとき博士は中山久蔵の水田に目をとめたであろうかと思ったりもする。博士の少年たちに発した言葉は、「真理を求め生きる大志を抱け」の意に違いない。一方、博士が学生たちに教授した酪農や畑作特に小麦作を原野の広がる北海道の大地に実現する大望を抱け、という具体的な意味があったとも伝えられている。実は農学校では、パン食が奨励され、米食は禁じられていたという。米国流の文化や科学を伝える意図もあったであろうが、寒冷地での稲作など、博士の想像をはるかに超えていたのだろう。

北海道の稲作は、中山久蔵をはじめとする先達たちの偉大な努力によって、北上を続け今は名寄の地にまで及んでいる。北海道の米の収穫量は約６３万トン。新潟県に次いで全国第2位であり、すぐに、新潟県（約６６万トン）に追いつく勢いである。北海道が日本の稲作の中心になる日はもう目前である。米の収穫量はすでにクラーク博士が推奨した小麦（６１万トン、２０１１年）を上回っている。かつて北の国で博士が少年たちに伝えた言葉は、意外な形で実現しつつあることになる。「自然農法に適応する稲の品種を完成させ、自然農法の思想と技術を新しい時代に向かって世界に広めてゆく」。わたしは、「少年よ、大志を抱け」を心の中で反芻しながら、また新たな大志を抱いて、稲の育種に取り組んでいきたい。（２０１５年３・４月号）

少年よ、大志を抱け　②　クラーク博士と北海道稲作発祥の地

北海道の稲作は、中山久蔵が明治6年（1967年）島松（現在北広島市）の自宅わきの小さな田んぼで悪戦苦闘の末に稲作に成功したことに始まる。氏が道南の檜山や渡島の地区で栽培維持されてきた在来の稲から選抜した早生、耐寒性の「赤毛」系統を使用したのが成功の要因とみられている。氏は開拓使たちに赤毛の種子を無償で配布した。氏の生涯をかけた稲作への情熱によって、島松の小さな水田から石狩、空知、上川へと北海道全土に稲作は広がっていった。寒い日々は夜を通して風呂の湯を沸かし、田に注ぎ込んでいたというエピソードも残されている。久蔵氏が造成した田の跡には自宅横を流れる島松川から引いた水を太陽光で温める暖水路が設えられている。

２０１７年の秋（１０月４日）、水野さんの育種圃場で選抜作業と調査の後、明るい昼下がり、中山久蔵氏とクラーク博士の記念碑の場所に3年ぶりに足を運んだ。3年前暗い雨の夕方見たその場の光景とは打って変わって、明瞭にその場の光景を把握することができた。まず目に付く広大な木造の道の駅、島松駅舎は元々久蔵氏の自宅であり、そこは旅館や食堂としても彼が奥さんとともに経営していたことも知ることができた。永年ボランティアとして旧駅舎の案内人を務めてきた年配の男性が、懇切丁寧に久蔵氏やクラーク博士のことどもを説明してくれた。訪ねているのは3年前と同じく普及員の畑さんと

わたしの２人のみで案内人は特に人懐っこく多くを語ってくれたのかもしれない。

明治１０年の４月１７日早朝、クラーク博士は馬にまたがり札幌農学校を後にして、馬に乗って別れを惜しみ博士を送る多くの学生たちとともに雪道をかけてこの地に着いたのがお昼前であったという。昼食は久蔵氏の食堂で摂り、ゆっくり学生らと談笑したのち馬上の人となり、学生たちに「少年よ大志を抱け」の言葉を大声で発して一人雪原を去っていったという。その時、久蔵氏の水田は雪に覆われていて博士の目にとまることはなかったであろう。しかし、料理や給仕をする久蔵氏と言葉を交わしたかもしれない。少なくとも博士は久蔵氏の姿を目にした可能性は高かったのではないかと思う。久蔵氏とクラーク博士のこのような出合は米と麦の出合であったともいえる。

クラーク博士は、米国農務長官を辞し北海道開拓の顧問として来日し４年に亘って開拓の詳細な総合計画を作成したホーレス・ケプロン氏（１８０４〜１８８５）が帰国した明治８年の翌年、明治９年に創立したばかりの札幌農学校に赴任してきた。ケプロン氏の名は日本人にはあまりなじみがないが、日本新生の大地、北海道開拓の最大の恩人ともいわれる人物である。アメリカという新世界の清新な開拓精神と西洋近代科学の技術を日本の新天地に植え付けるべく大きな情熱をもって働いたと伝えられる。農務長官という米国での重要な役割を捨ててこの仕事に取り組んだ一例をもってしてもその意気込みが推し量られる。さて、マサチューセッツ農科大学長であったクラーク博士はケプロン氏の描いた壮大な計画に魂を吹き込む役割を担っていたと言って良い。小麦作と酪農の大型農業技術、実践的合理的な農業経営、キリスト教精神の普及、英語の重視や幅広い教養教育など新世界アメリカで培われた博士の思想が札幌農学校のカリキュラムに色濃く表れている。博士もケプロン氏もともにイギリスの清教徒たちがメイフラワー号で新天地アメリカに着き最初に開拓し始めた清新自由の気風が強いマサチューセッツ州の出身であった。

２０１７年、再度中山久蔵氏とクラーク博士の記念碑を訪れた年は、北海道が新潟県を追い越し米生産量が日本一になるかと期待された年である。結果は、新潟県が1位で６１１、７００ｔ、北海道が2位で５８１、８００ｔの収穫量であった。いずれにせよ、北海道における稲の生産量は小麦とほぼ同じか多いくらいである。北海道の米栽培の芽は、クラーク博士が日本を去る時学生たちに『大志を抱け』と叫んだ場所の片隅に出始めたことを想起しなければならない。実は、北海道開拓の基本方針として、米作は禁じられていたのである。博士も学生たちに米食は禁じ、パン食を推奨していた。農学校の寮では食事は主にパンと肉で時々カレーライスが出されていた。学生たちが米を食べるのはカレーライスの時に限る。久蔵氏は、政府が北海道の稲作を禁ずるという状況下で稲作りとその普及に孤軍奮闘していたのである。当然のことながら、久蔵氏はその時の行政と闘いながら稲作りをしていたことを記憶しなければならない。米と麦が出合ったと前述したが、これを米と麦が対峙したと書きなおしてもよい。米作が北海道で認められるようになったのは明治26年（1893年）のことである。この米と麦の対峙の話題は単なるひとつの物語ではなく今後の日本におけるもっとも重要な食の課題のひとつになるだろうとわたしは考えている。（2021年加筆）

44．3．11の記憶

3．11からちょうど4年目の日、わたしは、大仁農場で新たな稲の季節に向けて種まきの準備をしている。空は晴れ渡って、白いちぎれ雲がいくつか足早に西から東に向かって流れている。風は強く、まだ固いつぼみの桜並木の枝が激しく揺れている。今朝は、珍しく、麦畑一面に霜柱が立ってキラキラと朝陽に輝いていた。春には珍しい強い寒波の襲来で、北日本は大荒れの天気であるとニュースは伝えている。

4年前の今日、わたしはある友人と静岡駅前のホテルでコーヒーを飲んで談笑していた。そのとき突然緩やかなしかも大きな揺れに遭遇したのである。永く続く揺れの中でわたしはなんとも言えない恐怖感に襲われた。その後、ざわめく街に出て目にしたのが、城跡のお堀端に立ち並ぶ芽吹き始めたばかりの柳の木々である。それらは、かすかな黄緑色の光を放っているように見えた。『やはらかに柳あをめる北上の岸辺目にみゆ泣けとごとくに』不意に啄木の歌が胸に湧きあがった。この歌は、異郷にあって故郷をしのぶ啄木の心情をあらわしたものに違いないが、それ以降、震災に遭遇した東北の人たちすべての悲しみ、苦しみをそれは凝縮してあらわしていると思うようになった。

このところ度々、被災地の復興の様子がメディアに登場する。一方で、「まだ何も変わっていない」という地元からの声も伝わってくる。ひところ、日本社会における「3．11の風化」がよく問題視され取りざたされたが、最近はそれもめっきり少なくなった。わたしの周りには、個人や団体を問わず、当初と変わらず持続的に現地に赴いてボランティア活動をしている例も確かにある。しかし、わたし自身への反省の念も込めて言えば、社会全体として風化が著しく進んでいる事実は否定できない。

復興の報道で目につくのは、海岸沿いの巨大なコンクリート防潮堤や高台への新たな街の建設など大規模工事の成果の光景である。それは、確かに復興のひとつの形にちがいない。しかし、その復興の陰でそこに住む人々の生活はどのように営まれているのかはなかなか見えてこない。メディアでよく用いられる復興に類似した用語に「復活」がある。これは、もともとイエスが死から蘇ったことを表す聖書的言語でもあるが、普遍的には、人々が絶望の淵から再び生きる意欲をとりもどし、希望をもって未来に立ち向かう意味といってよい。今、被災地の現場で最も望まれることはそのことであろう。

３．１１以降、度々、現地を訪れる機会があった。津波に流されて、すべてを失った人々が、再び生きる意欲を取り戻していく姿にも多く接することができた。その場合、荒野と化した土地の片隅を耕し、野菜や花を植えることから復活への道が拓かれていったという事例が多い。生きる原初の姿をみる気がして大きな感動を覚えたものである。３．１１を永く記憶に留めておくためには、先ず、わたしたち自身が日々のいのちの営みを大切にする生活の仕方を探りその実現に努めていくことではないか。生活の中に、土を耕し野菜や花を植え、自然農法の思想や実践を組み入れることはその重要な一歩となるのではないかと思っている。（２０１５年５・６月号）

六・見直される在来種

４５．見直される在来種

在来種の野菜が今ブームである。交配などの近代育種法による品種が生まれるずっと古くから、地域固有の風土の中で伝承されてきた栽培法によって、受け継がれてきた作物種のことを一般に在来種と呼ぶ。戦後、食糧増産を目指したいわゆる近代農業が推進される中で、それまで維持栽培されてきた在来種を含めた膨大な野菜の品種が失われていった経緯がある。農林水産省が種子貯蔵庫を創設して、これら貴重な遺伝資源の保全に本格的に乗り出すのはようやく１９６０年代終わりの頃である。ちなみにアメリカは植民地時代の１７世紀末にはすでに遺伝資源保全の公的機関を設立している。

在来種野菜ブームの背景には、全国的に芽生える「地域興し」の機運もあるだろう。もとより、在来種は、山間の僻地と呼ばれるむしろ隔離された場所で多く保持されてきた。このところ大学などの研究機関においても、「在来種」研究が盛んで、地域に細々と伝承される在来種野菜の実態も徐々に明らかになってきた。わたしが住む静岡市の北部、南アルプスの山麓に位置する人口６００人ばかりの井川地区においては、６６種ほどの在来種（静岡県全体では２２０種ほどが確認されている）が地元の農家によって守られてきた（『プロジェクトＺ／在来野菜が古里を救う』、静岡放送・ＳＢＳテレビ番組、２０１５年５月放映）。そこでは、地元住民をはじめ研究者や蕎麦店主、レストランのシェフなど近郊の市民が協働で、在来種の野菜や蕎麦を復活させる挑戦を始め注目されている。

かつて、本欄でも触れたように、主要野菜のビタミンAやCなどの栄養価は昭和２０年代に比べて現在は、平均して半分ほどに減少している。その原因は多様に違いないが、主要因は、近代農業特有の化学肥料や農薬の多用による土壌の劣化、旬を無視した栽培そして品種改良などにあることは確かだろう。品種改良は、もっぱら収量性が高く、色形の良い、外観を重視する方向で進められてきた。そこには高度経済成長によって急速に変化してきた人々の生活や社会のありようが反映されていることも確かである。在来種は、見栄えはともかく、その栄養価は高く、人々の心身をより元気にする可能性があるのである。

在来種といっても、ほとんどは、遠い異国から日本に伝来したものである。いろいろな時代や場所に導入され、固有の文化や風土の中で取捨選択を重ねながら適応し育まれてきたといってよい。それは決して過去の遺物ではなく、なお生きて進化を続けるダイナミックな生きものであることに留意したい。近代の作物品種も元を辿ればいずれも在来種に行きつく。しかし、それらが農薬や化学肥料を多用する育種の場で選抜されてきた結果、在来種が本来持っていた、未来の農業に有用かもしれない多くの遺伝子が失われたはずである。

わたしたちは、稲の在来種を用いて、自然農法という新たな育種の場で、それが潜在的にもつ力を発揮させる試みを行っているともいえる。在来種は未来の農業を拓く宝でもある。

在来種ブームが一過性のものではなく、地域の再生を実現し、いのちや環境にやさしい農業の復活につながっていくことを願っている。それは、また、経済最優先の人々の生き方や社会のありようを変革して、持続可能な社会を創造していく可能性も有していると考えている。（２０１５年７・８月号）

４６．稲行脚

わたしは9月の初めから始まった稲行脚の只中にいる。「行脚」は文字通り禅僧の修行の旅を意味するが、わたしにとって全国各地の育種の現場を巡る旅は、多彩な稲や農家に出合い、教えを受けそして学ぶいわば人生修業の良き機会ともなっているのである。また、その間、いろいろ思いがけない出来事にも遭遇して人生の新たな経験もする。今回は、関東北部から東北一円を襲った台風１８号の影響による大洪水の生々しい爪痕を目の当たりにした。一夜にして田畑が流され、あらゆる農業機械が泥水を被って使用不可能になった農家の話も聞いた。農業の営みの困難さを深く肌身に感じさせられているところである。

今年は、稲育種の開始から１１年目に当たる。すでに述べているように、品種育成の最終段階に差し掛かっているといってよい。これまで、沖縄から北海道に到る、１４軒の農家および当育種事業の拠点である大仁農場を含めて５か所の農業・環境・健康研究所の付属農場で育種試験を行ってきた。場所による育種の進み具合に違いはあるが、おおむね、新品種になる前の遺伝的に固定した系統をそれぞれ１０以下に絞り込んでいる。絞り込んだ系統については、すでに、適応性・生産力検定試験を実施しているが、今年は特にめぼしい系統のいくつかについて、田植機による広い面積での栽培を行っている試験地も多い。育成してきた稲系統の実用性を検証し、最終的に品種を決定するためである。

これまで選抜してきた自然農法に適応する有望系統は、長稈で晩生の傾向がある。実は、この特徴は、ここ７０年に亘り（アメリカ人育種家、ノーマン・ボーローグによって始められた小麦の育種「緑の革命」以降）国内外を問わず進められてきた小麦・稲の育種における短稈、早生という主な育種目標に反することになる。現に、日本の稲作においては、北から南に至るまで、少しの例外を除いて、短稈、早生の品種で占められており、また、農家もそのような品種を望む。長稈、晩生の稲では、現在使用している農機具や、地域の農業システムに適合しないという事態が確かに起こる。しかし、今、自然農法創始者、岡田茂吉の言葉「自然の摂理に従い、土本来の力を活かす」に立ち返り、耳を傾ける必要があるだろう。

現代農業は、農業の主体であるはずの人や作物が農薬、化学肥料、あるいは機械といったいわばモノに合わせ支配される形で営まれているといえる。かつて人が、地域固有の風土の中で、それぞれの風土に適応する作物種（品種）を選び、また、道具を工夫し造り、それを用いて作物を育てていたのである。人の手であった道具は、いつしか、一人歩きをし、モノと化し、人を支配する関係が出来上がってきたといえるだろう。人はその視野をモノに遮られ、モノの向こうにある自然への想像力を失っていくことになる。そこに現代社会が抱える深刻な問題の元凶があるように思う。先ずは、人の生存を支える農業という営みの中で、人の主体性を取り戻すことが肝要であるに違いない。

西南暖地に限らず、温暖化による夏の高温障害によって稲の品質や収量の低下が取りざたされるようになって久しい。これは稲の早生化や早期栽培によって、最も暑い時期と高温に感受性の強い稲の発育段階（たとえば、出穂期から１０〜１４日前の減数分裂期）が重なることが主要因となっている。本来日本列島の北には早生で非感光性（日長に反応性が鈍い）、南には晩生で感光性の品種が栽培されてきた経緯がある。気候変動も著しい昨今、単一の品種に限らず、早生、中生、晩生あるいは短稈、中稈、長稈の多彩な品種をバランスよく栽培することも今後必要になってくるだろう。

わたしたちが進めている自然農法に適応する稲品種の育成は、近代育種の歴史においてユニークで挑戦的な試みであると考えているが、この試みを通して生まれてくる稲の品種は、同時に現代の農業のありようを変革してこそ発揮されるものであることを忘れてはならない。稲行脚はその変革への道に続いていく旅ともいえるのである。（２０１５年１１・１２月号）

４７．稲の季節を待つ大仁農場

今年は正月から風邪をひいて、農場への初出勤は例年より一週間遅れの1月１８日となった。名物の桜の大木「ともえ桜」は寒風のなかでなお花蕾をかたく閉ざしたままである。花を咲かせるのは例年４月の中下旬頃で、稲育種の種蒔きはこの桜の満開時を見計らって行っている。オオシマザクラとヤマザクラの交配種であるこの桜の開花期はソメイヨシノに比べてかなり遅い。２０１２年（平成２４年）には「日本さくらの会」から静岡県最大級の桜と認定されている。苗木が植えられたのは昭和２０年頃といわれ、樹齢は終戦後の７０年に匹敵する。

日本列島中央の温暖地に位置しながら、伊豆の標高３５０ｍほど（水田の位置）の山間に在る大仁農場の気温は意外に低い。過去5年間の平均気温は１３．７℃で、伊豆半島の入り口に位置する三島市に比べて２．６℃低い。８月の最高、最低温度については、それぞれ３．２℃、２．５℃低い。大仁農場の気温は、年平均で見ると福島とほぼ同じであり、８月の最高、最低の平均気温は、いずれもむしろ低いのである。こうしてみると、大仁農場の稲作条件は意外に福島以北のそれに相当すると言わざるをえない。その気象条件を考慮しながら農場での育種試験を実施しなければいけない。その際「ともえ桜」は格好の稲作の時節を知らせる指標となっているのである。

稲の育種を開始した２００５年から農場のほぼ中央に実験圃場を造成しはじめて、現在は、８筆（区画）の合計五反ばかり（農道を含む）の水田が完備されている。豊葦原瑞穂の日本国にあって稲を栽培することは大仁農場の永年の悲願であったと聞く。その間、育種材料として収集保存した稲品種は１５０ほどに及び、江戸期から近代まで稲育種の歴史において重要な役割を果たしてきた品種はほぼそろっている。その中には「借銭切《しゃくせんぎり》」といった一風変わった品種名のものもある。江戸時代の初期に越中富山で栽培されていたといわれる。炊いたご飯のみならず、栽培している田んぼでもその稲は強い香を放つ。その当時、おいしいと評判になったのか、あるいは収量性が高かったのか、その米を作れば借金が返せるほどに優良な品種であったのだろう。富山県北部（朝日町）の海岸に近い水田の傍らで、「わせの香や分入右はありそ海」と刻んだ芭蕉の句碑に出合ったことがある。遠い昔、芭蕉もこの稲の香に旅の疲れを癒されたのかも知れない。

今年は、稲育種を初めて１２年目に当たり、（早いところでは）交配第１１世代（Ｆ１１）の選抜試験を行うまでに進んでいる。昨年は、北海道（由仁町）、福島（大玉村）、栃木（那須黒羽）、石川（津幡町）、岡山（矢掛町）、鳥取（八坂農場）、熊本（湯前町）の各試験地において有望な選抜系統の機械植による品種決定試験を開始した。現在、それら坪刈りの稲を大仁農場に集めて、収量や食味の分析を進めているところである。手ごたえは十分にある。上記以外の育種試験地からも続々とデータや選抜した育種材料が寄せられて、この時期は、それらの分析や観察を通して今年の育種試験計画を作成するのに忙しい。そのようにして、自然農法や未来の農業に貢献できる新しい稲品種の誕生を心に描きながら、ともえ桜が花開き、種を播く時季の到来を待ち望んでいるところである。（２０１６年１・２月号）

七．「おいしい」たべもの

４８．「おいしい」たべもの

今、テレビで最も多く発せられている言葉は「おいしい」であるらしい。確かに、昨今、声高に「おいしい」を連発する賑々しいグルメ番組にあふれている。わたしにはいささか食傷気味であるが、一向にグルメ番組のブームが衰えを見せる気配はない。「食べる」ありようは、人の生存を支える農の営みと深くつながっているはずである。テレビから聞こえてくる「おいしい」が往々にして空しく響くのは、そのつながりを探る姿勢が伝わってこないからであろう。

古い話になるが、家族と共にウイーンに滞在していたある日、西洋風の食べ物に飽きて、久しぶりに繁華街の中華料理店に入り、わたしたちにしては豪華な食事をした。ところが、「おいしい」と言い合いながら満腹して家路につく途中、そろって胸の悪さを感ずることになったことがある。あの美味しく感じられた料理は多分多量の人口調味料で味付けされていたにちがいない。その時以来、食べ物のおいしさは、舌の味覚によるというよりむしろ身体全体で感知するものであると思うようになったのである。おいしいたべものは身体を癒すものでなければならない。

日本人の主食である米について、コシヒカリの人気が圧倒的に高いことは言うに及ばない。粘りがあっておいしいというのがその最大の理由であろう。しかし、１９５６年（昭和３１年）以来、コシヒカリが全国的に普及されるに伴って、米アレルギーが生じるようになったという話はあまり知られていない。コシヒカリのアミロース（粘りを左右するでんぷん）含量は１６％ほどと従来の日本人がよく食べてきた粳米（うるちまい）に比べてかなり低い。かつて、コシヒカリと人気を二分したササニシキはアミロース含量が２０％ほどで粘りの少ないあっさりした旨さを特徴とした。しかし、今、その人気は凋落して日本のわずかな地域でしか栽培されていない。これらの二大稲品種の運命が日本人の粘りのある米を好む風潮を決定づけたといえるのだ。コシヒカリの人気にあやかって、次々と粘りの強い（アミロース含量の少ない）新品種が登場しているさなか、アレルギーを起こさない品種として、ササニシキが再び注目され始めているのは皮肉なことである。

体が弱って普通の米が食べられないという人も自然農法の米ならばよく喉を通るという話を聞く。かつて本欄でも少し触れたが、わたしも腸の大きな手術をした後に身をもってこのことを経験した。たとえコシヒカリであっても自然農法で栽培した米はアレルギー体質の人に影響を与えないとも聞く。このことは、米（作物）の味の発現が遺伝的要因（品種）のみではなく、環境（農法）の影響が大きいことを示唆している。わたしたちが現在日本各地の農家と共同で進めている育種試験の中で、自然農法栽培のコシヒカリのアミロース含量は平均１９％ほどと高い値となり、その粘りはさほど強くないことを明らかにしている。

食は文化であるという。食は生きることそのものであるともいう。食卓に並び、口にするたべものが何処から如何にしてやってきたのか、グルメブームの中で問われるのはそのことであろう。さて、わたしたちはといえば大仁農場に在って、自然農法に適応する稲育種12年目を迎え、その種蒔きと水田の整備に余念がない。（2016年3・4月号）

49．自然農法の価値を生み出す時代

オバマ氏が米国の現職大統領として初めて原爆被災地の広島を訪れ「核兵器なき世界」を願う志を語った。その評価は種々あるにしても、これはやはり世界が注目する歴史的価値の高い出来事にちがいない。わたしは、このニュースに心驚かせながら、ある日本人の核廃絶を目指した平和運動に生涯を捧げた秋月辰一郎博士（1916～2005）について触れたいと思う。博士は、ナガサキ原爆投下（1945年8月9日）の爆心地から1．4㎞に位置する浦上第一病院（現、聖フランシスコ病院）で被爆しながら、無数の負傷者の救護活動に挺身したことでも知られている。著名な永井隆医師は博士の恩師にあたる。幼少から病弱の身をかこちながら、人間の身体・健康や食べ物に特に強い興味を抱き続けてき

たといわれている。

爆心地から５００ｍ以内に住んでいた人たちは、８月１５日までに亡くなった。５００ｍから２㎞の距離で被爆した人々は、９月下旬までに次々に犠牲になっていった（秋月辰一郎、『死の同心円―長崎被爆医師の記録』、１９７２）。博士は当病院の院長として職員と結核患者や原爆負傷者の合計１００名ほどを、悪心、嘔吐、血便や激しい疲労感などの自覚症状と闘いながら統率していた。原爆による破壊が著しい病院ではもはや医療手当がなかったといってよい。そのような条件下で博士が実行したのは、自らが永く地道に試みてきた食事療法の実践であった。味噌汁と玄米食に、できるだけ塩分を摂取させ、砂糖は禁じた。海藻やカボチャなどの野菜食を重視する。爆心地から時間の経過とともに拡大する死の輪が自分たちにも迫ってくる切迫感の中でこの実践を徹底させた。その結果、博士の病院からはいわゆる原爆病で亡くなる人は一人も出なかったのである。

放射線の生体への影響は、一般的に、被爆によって体内に二次的に生ずる活性酸素などのフリーラジカル（遊離基）の働きによって起こる。それは、非常に不安定な化学種でＤＮＡなどとも容易に反応して生体に悪い影響を与える。わたしは、かつて静岡大学から京都大学原子炉実験所に度々泊まり込みで赴き放射線の稲への影響の研究を行っていた。その中で、フリーラジカルを除去する物質によって、稲の放射線障害は軽減することを明らかにしている。人間の場合は、緑黄色野菜や特定の食べ物の摂取が放射線の影響や癌化を抑える有効な手段になることが学術的に証明されている。秋月博士の試みは科学的にも合理的であったことが今明らかである。博士は、終戦後当該病院の再建をしたのち、辞職し山間僻地の医者として食事療法の研究や住民の治療に当たる。その間、有機農業の試みも行っている。しかし、周囲の人々から真摯に説得されて、ようやく4年の後もとの病院（聖フランシス病院）へ戻り、医師として、核廃絶の平和運動をしながら89年の生涯を終える。

われわれは、放射線以外にも農薬、化学肥料、食品添加物や電磁波など身体や環境を脅かす無数の要因に取り巻かれて生活している。体内にフリーラジカルが生成される機会にいとまがないのである。しかし、同じ被爆を受けても、その障害程度は食べ物によって大きく軽減される可能性がある。自然農法が、身体の治癒力を高める食べ物を創造する業として、長い年月をかけて証してきたことは確かである。今こそまさに自然農法の価値を生み出す時代であると考えている。（2016年5・6月号）

50．あきたこまちの郷から

秋田県横手市大森町の佐藤清さん（1941年生まれ）の、水田で稲育種を開始したのは2008年のことである。当水田は、広大な稲作地帯である横手盆地の只中にある。佐藤さんの自宅からは、遥か遠く盆地を囲む山並みに至るまで、初夏には青々とした、秋には黄金色に輝く水田の風景が見渡せる。横手盆地は奥羽山脈と出羽山地に囲まれ、雄物川とその支流が流れ込む、南北６０㎞、東西１５㎞に及ぶ水田地帯である。佐藤さんは現在７反ほどの水田で自然農法の稲作を実施している。

佐藤さんは父親の遺志を継いで自然農法を始めることになった。父親が自然農法を始めたのは昭和２０年頃である。その頃は、村人の自然農法への偏見が強く佐藤家は村八分にされた。いじめや嫌がらせもひどく、警察が出動して村八分をやめさせようとしたこともあったという。自然農法といっても、当初は自然に任せるという意識が強すぎて、水も入れず、草も取らず、収量は反当り１~２俵ほどであったらしい。村の子供たちもそのような田んぼに面白半分に石を投げこんでいったものであるという。佐藤さんはそのような光景を見て子供心にひどく胸を痛めたが、諸々の試練を乗り超え忍耐強く自然農法を守ってきた。

２００８年、日本の著名な在来品種、旭と亀の尾の交配雑種集団（F３）一万個体を栽培した。雑種集団のまま3年間栽培し、雑種第5代集団（F５）において優良な個体（一本植え）の選抜を行った。翌年からはそれら選抜個体を系統として栽培し、系統間の比較と選抜を毎年繰り返して、今年（２０１６年）は最終的に選ばれた数系統（F１１）を機械によってかなり大きい規模で栽培している。選抜試験では、日ごろ稲と真摯に向き合う佐藤さんの観察眼を重視したことは言うまでもない。佐藤さんはかつてＭＯＡ自然農法の指導者として働いてきたが、育種の経験はない。しかし、本育種事業には積極的にかかわり情熱的に仕事に取り組む姿が印象的である。

佐藤さんの耕種方法について、播種は4月２０日頃、田植は5月２０日頃、収穫は9月２０日頃である。栽植密度は、株間２０㎝、列間３０㎝。基肥としては市販の堆肥、ゴールドコーユ（米ぬか、油粕、おからを完全発酵させたもの）６０㎏／反を施す。稲藁は全量を田に還元している。しかし、２０１４年からは稲藁もすべて持ち出す完全無肥料で栽培している。除草は育種圃場においてはすべて手取りである。他の田んぼは合鴨を使用している（七反で三十羽）。合鴨と人間が一緒になって草を取っていると佐藤さんは笑う。土壌は粘りの強い重粘土（青粘土）である。「足るを知る」、「無理に収量を上げようとはしない」これが佐藤さんの稲栽培の信条である。

２０１３年から１６年の4年間、最終的に選抜した6系統（ＡＫ7、１２、１９、３４、８８、１０4）について、生産力検定試験を行った。対照区は地元の有力品種、あきたこまちを用いた。玄米収量および食味値について、いずれの年も選抜系統は対照区を明らかに超えていた。両形質の系統間の順位については、年次間に変動が見られたが、収量性についてはＡＫ7が、また食味値についてはＡＫ１０4が他の系統を凌駕していた。6系統のうち、収量性、食味値とも平均して良い系統ＡＫ7、１９、１

04については、2019年岩手県金ヶ崎町の及川実さん水田においても機械植えによる普通栽培を行った。各系統1反ずつの栽培であった。この年は大仁農場から、田渕浩康さん、奈良吉主さん、鈴木智治さんらが現場観察に参加し最終的に品種登録候補として1系統に絞り込む作業を行った。

秋田の佐藤さん圃場においては、佐藤さんはもちろん現地普及員の豊川茂さんおよびわたしたち4名の合計6名で、圃場における各系統の観察によって比較検討を行った。結局、AK104を品種登録候補にすることになった。ちなみに、及川さん圃場においてもAK104の生育状態が最良であったことを記しておく。品種名は地域で公募した中から選び『雪の幸(ゆきのさち)』とした。佐藤さんが住む横手地区は豪雪地帯としてよく知られている。雪の恵みから生まれてきた稲の品種という意を込めてのことである。

最後に佐藤さんの想いの一端を示しておこう。「大規模農業(法人化、企業化)を進めると地域住民の農業離れが進み、地域の過疎化が進んでいく。過疎化を防ぐには専業の家族農業を増やすことが大切である」。「山の中の東成瀬村の小学校は優秀な子どもを輩出することで有名であるが、その学校はあげて子供たちに食べ物の大切さを教え、給食には米を食べさせてきた」。「これまで、自分は、稲の出来具合が悪ければ、土の状態や天候不順のせいにして、自然に対する感謝の念が足りなかったと反省している。この頃、田圃に降り立った時は田に感謝の言葉をかけるようにしている」(2016年7・8月号、20

２２年一部加筆）

５１．日本の秋

豊葦原瑞穂の国は、秋になると、稲穂が実り黄金色の光を放つ。今年も、初秋の風と共に全国各地に稲育種の行脚を続けている。それは、日本の秋を車窓から眺め、育種試験地の農家の田んぼが在るそれぞれの故郷の秋を体験する機会ともなっている。広大な平地や山間にある黄金色の田園を擁する日本の秋の風景をいつも確かに美しいと感じている。しかし、このところその秋の風景が変わってきていることに気づかされることが多い。

稲穂の黄金色が色あせてきているのではないか、という古老たちの話をかつてこの欄でも紹介したことがある。わたしが今気にしているのは多くの田で稲が倒伏していることである。そのような光景が眼前に広がると稲穂の色の話どころではなくなる。地域によっては、収量を上げるために、化学肥料を多用し倒伏をいとわない栽培をするのだとも聞く。トラクターの性能が上がり、倒伏しても難なく収穫できるとのことである。日本は古来「秋津の島」とも謳われてきた。秋津は蜻蛉のことである。黄金色の田の面を無数の赤とんぼが群れて飛ぶ幼い日に見た秋の日はいつもわたしの記憶にある。今、そのような風景に出合うことはほとんどない。

赤とんぼの代表であるアキアカネは２０００年くらいから急激に減少し、その頭数は現在日本の半数以上の府県で１０００分の1に減少しているという報告がある。アキアカネの主要な生息地である水田に新しい農薬、フィプロニルを主成分とする殺虫剤やネオニコチノイド系の農薬が使用されるようになった時期と、その減少の程度は一致している。農薬とともに化学肥料の使用量も日本は世界有数の国に入る。化学肥料の使用によって、野菜などに取り込まれた硝酸態窒素は、人の口に入ると口内細菌の反応で亜硝酸イオンが生成し、脂肪酸やアミンが加わって最終的に発癌物質、ニトロソアミンになる。硝酸態窒素の健康被害について日本ではなお認められていないが、欧州ではホウレンソウやレタスなどでその濃度が規制されている。

稲育種の旅の中で自然農法の実りの水田に出合い、そこに本当の日本の秋の美しさを発見する。自然農法の稲が倒伏することはほとんどない。稲穂はまさに黄金色の光を放っている。その上空を赤とんぼが群れて飛翔したりしてもいる。そこは、平野であったり、山間であったり、いろいろな自然や風土に彩られているが、いずこもわたしにとっては懐かしい故郷である。故郷は、人が健康に平和に生きる場であることの別名でもあるだろう。自然農法は、日本の美しい秋を復活し、人が健康に生きる地域そし

て国を創る基本であることを日々強く感じながらわたしは稲の旅の途上にある。（２０１６年９・１０月号）

５２．ゆるしと食べもの

２０１６年１０月の秋晴れの日、あるキリスト教関係（日本福音ルーテル教会・全国ディアコニアネットワーク）のセミナーに参加し、水俣病公害事件の現場を訪ねた。有機水銀ヘドロや汚染魚を詰め込んだドラム缶３０００本を封じ込め、埋め立てて建設した（１９９０年）「エコパーク水俣」や資料館などを訪ねたのち、水俣病に苦しむ祖父母や親たちの姿を見て育った杉本肇さんの話を聞くことができた。肇さんは、水俣病の語り部として今も語り草となっている母、杉本栄子さん（１９３８〜２００８）の遺志を継いで、漁業の傍ら、やはり語り部として活動している。不知火海沿岸の鹿児島県境に近い茂道《もどう》にあって網元として地域をリードする杉本一家が突如祖父母から父母へと水俣病にかかり、言語を絶する絶望の境遇に陥りそこから希望を見出して生きるある復活の話であった。

祖母が１９５９年茂道で最初に発病した後、祖父、母そして父へと発病は続き、いずれも身体の硬直や変形、激痛や体調不良で生業の漁業もほぼ不可能になる。さらに当時はもっぱら伝染病が疑われて孤立し、酷い差別の対象になった。母、栄子さんは網元の一人娘として、幼いころより漁の現場に立つ明朗活発で勝ち気な女性であった。彼女が5人の男児を抱えながら、理不尽な病に倒れ、わが子たちの面倒をみられない悔しさと懊悩が長男、肇氏の話から胸に迫ってくる。1969年、世間の無理解の中、彼女は訴訟を起こしチッソや行政の責任を追及する。そのために差別はひどくなるが、水俣病の真実の姿を社会に知ってほしいという彼女の願いは強く挫けることはなかった。

彼女が行き着いた境地は「ゆるす」であった。「日本という国も、チッソも、差別した人も、すべて許す」。これは、苦悩の極みの中で彼女が感得した「いのち」の言葉であったにちがいない。「食べもので病気になったのだから、食べもので病気を治す」。自宅の裏側に広がる丘陵の野菜畑やミカン園で、病苦を背負う栄子さん夫妻が助け合って、家族が日々を生きる糧を得る。農薬や化学肥料は一切使用しないまさに自然農法による栽培を試みたのである。発病後彼女はほとんど寝たきりで時には重篤な状態となるが、徐々に体調を回復し、後に語り部をはじめ水俣の自然と人の再生を祈る「本願の会」や胎児性水俣病患者支援を主宰するなど重要な社会的活動を担うことになる。治療に当たった医師は、それを奇跡だと言った。「ゆるしと食べもの」が彼女をその家族を蘇生させていったのだと思う。

水俣湾汚染の除去作業が進み、安全宣言が出されると（1997年）、杉本一家は、成人した子供たちを中心にして、再び漁業に挑戦することになった。今はなき網元であった祖父、進さんの「漁師は木を大切にし、水を大切にし、人を好きになれ」、「人を恨んではいけない」の教えは杉本一家に生きている。肇氏の話の前に頂いた、一家が水揚げし、加工した無添加のシラスを山盛りご飯に盛って、おろし大根としょうゆをかけて食べた昼食の美味しさは格別であった。身体が癒されるその味を思い起こしながら、わたしは、食べ物が、そしていのちを育む魂のありようがいかに大切であるかを改めて感じているのである。（２０１７年１・２月号）

５３．新しい米の世界を拓く

栃木県東北部の那須高原の麓に位置する黒羽《くろばね》の里で、永く自然農法を営む加藤英治さん（１９４８年生まれ）とともに稲の品種改良を進めて今年で１０年目を迎える。加藤さんは、専業農家１６名ほどで組織する、平成６年発会の自然農法黒羽営農研究会の代表を務める。農家はそれぞれに独立を保ちながら、互いに協力し研究を重ね、日々活き活きと営農活動を展開している。「自分も田んぼも共に生きている。田の水回りは１日６回行う。経営の目的は人々の健康を守ること、売るのが目的ではない。型にはまるのは性に合わず、創意工夫をしてこそ生きる意味がある。自分の米を食べて多くのアレルギー疾患や過敏症の人たちが完治ないし改善されていることを幸いに思っている」加藤さんの言葉である。

加藤さんの稲栽培について、播種は4月10日頃。田植は5月20日頃。収穫は9月30日頃である。元肥として、「米糠ペレット20kg＋魚粕30kg＋菜種粕40kg」に海藻やサトウキビの搾りかすなどを加える。栽植密度は30×30cm。疎植にして風通しを良くするのが加藤さんの稲作のポイントの一つである。葉が茂って水面が見えなくなるようではいけないという。なお、この地域の一般的な栽植密度は30×12～15cmである。病虫害対策として、「唐辛子＋ニンニク＋焼酎」液を散布する。除草は6月中旬に除草機を2回使用し、7月下旬に手取りを1回行う。当地の土壌は灰白低地土である。やや痩せ地である。収量は反当たり約八俵。

平成12年に実施された第一回全国米食分析鑑定会で食味第一位を獲得している。加藤さんは米作りの名人であるとともに、いま日本最大の課題の一つと思われる農業経営にかかわる個性的かつ開明なリーダーである。一般の手法とは逆に、収穫前に1日水田に水を流し入れ、稲に水を飲ませる。そうすると、稲籾が生き生きとした表情を見せる。その後すぐに収穫するのかと聞くと、いや、稲の顔色を視ながら絶好調の時を見計らって収穫作業に入るのだという。要するに、人の都合ではなく、先ず稲の都合を問うようにしている。この話は、人の自然へのかかわり方の根本にもかかわる普遍的な内容を含むと思われる。

コシヒカリ（K）×ササニシキ（S）の交配組み合わせから、コシヒカリの広域に適応する逞しさとササニシキの淡泊で旨味のある食味を持つ品種育成を育種目標とする。ササニシキは、かつて、美味しい米の代表といわれたが、その栽培の難しさからやがて姿を消し、今は幻の米として語られている。２００９年、K×SF３集団、２０１０年、K×SF４集団のそれぞれ４０，０００個体を１反の圃場に機械植えし、２０１１年、F５集団１６，０００個体を１．６反の圃場に手で１本植えして個体選抜を開始した。その後、系統選抜と選抜系統内の個体選抜を繰り返し、２０１３年から１６年の４年間、最終的に選抜した３系統、KS１０７、１５３、１９６について適応性・生産力検定試験（*）を行った。対照品種は両親のコシヒカリとササニシキとした。その結果、これら選抜系統は、いずれの年度においても収量性および食味値とも対照品種より高い値を示した。検定試験の間、当系統の機械植えによる普通栽培も試みている。

これら３系統のうち、検定試験、機械植えの普通栽培の結果を総合して１系統を選び新品種候補とするつもりでいた。しかし加藤さんはじめ現地の農家の人たちは、栽培中の稲の姿などから、KS１０７および１５３の二系統に注目しているようであった。確かに、これら２系統はデータからも他の系統よりもすぐれていた。加藤さんは、試食してもらった消費者からKS１０７の評判が良かったという。色白で、炊いたときに粒が立つ。程よく粘りがあり、粒に歯ごたえがある。しかし、晩生で、稈長が高く普通に植えると倒れる可能性を指摘する。しかし、２０１７年台風１８号が加藤さん圃場を直撃した際いずれの系統も倒伏しなかったとのことである。ＫＳ１５３については、稈長はやや低く、穂数多く、出穂期も早く、生育中の姿が良く収量性が高い。一つには絞り切れず、ＫＳ１０７は『ゆめきせき（夢奇跡）』、ＫＳ１５３は『希望の星』の品種名をつけて品種登録の手続きを行うことになった。（２０１７年３・４月号）

＊適応性・生産力検定試験：選抜試験で１０系統ほどに絞った段階で、それらについて3年間ほど収量性をはじめ収量性を構成する農業形質などの詳細な調査を行う。また、いくつかの異なった地域でも同じ方法で栽培し調査を行う。

５４．フクシマから未来へ

日本百名山のひとつ安達太良山の麓に位置する福島県大玉村の稲作と畜産業を営む八巻栄光さん（１９５１年生まれ）の水田で稲の育種を始めたのは２００８年のことである。大玉村は、福島市から南西方向の二本松市と郡山市の中間点にあり、その東端には阿武隈川が流れる、美しい自然に恵まれた高原の村である。それから3年目の3月11日、東日本大震災・福島原発事故が生じたことは誰もが忘れられない。大玉村は原発から60㎞離れていたが、放射能汚染の影響は大きく、八巻さんも稲作を存続させるかどうか深刻に悩むことになった。そのような試練を越えて、当地で新品種が生まれつつあることを喜んでいる。

わたしは、栄光さんの亡父、栄之助さん（享年88歳）から直に、当地開墾の苦労話を聞いたことがある。昭和21年（1946年）、海軍を除隊後開拓団として入植したが、与えられた1．5ヘクタールの土地は石ころだらけの原野で、まともな農地にするのに24年を費やしたという。自然農法に出合い、家族の健康を願って当初からそれに取り組む。自然農法への周りの偏見は強くいじめにもあったが、負けん気は強く人一倍の努力を続けた。毎朝2時半から働いた。朝まだき、自然農法の土づくりに役立つ野道に転がる馬糞拾いに走り回った。栄光さんは、18歳のころからそのような父親を助け、その遺志を継いで自然農法を実践し今日に至っている。

育種目標は、自然農法において多収および良品質を示し、高冷地（当水田は海抜500mにある）に適応するものである。2008年、旭（A）×亀の尾（K）交配雑種第3代（F3）個体集団を2アールばかりの面積に田植機によって栽培した。例年、播種は4月23日頃、田植は5月29日頃である。

栽植密度は３０×１５㎝の密植である。除草は折に触れて手取りで行う。また、田植え後の６月に数回箒除草を行っている。箒除草とは竹箒で水田表面を掃くようになぞる除草法である。育種開始の２年前までは牛糞を施用していたが、それ以降は無肥料で、稲わらのみ全量を刻んで散布している。水田土壌は安達太良山の火山による火山灰土壌である。

２００９年はＦ４集団の機械植えによる栽培。２０１０年はＦ５集団を１本植で栽培し個体選抜を始める。選抜には、八巻さんと妻の美智子さん、普及員の若松清一さん、大下穣さん（大仁農場）に加え地元の人たち数人にも手伝ってもらった。当初より本育種事業は地元の人たちの期待を集めていたのである。２０１１年は前年選抜した個体に由来するＦ６系統の栽培と選抜。大震災の年である。それ以降の世代は、手順に従って、選抜作業を繰り返し、最終的に絞り込んだ６系統、ＡＫ５５、２２２、３０３、３５７、３９１について、対照品種、旭、亀の尾、コシヒカリとともに、２０１４、１５、１６の３年間にわたって適応性・生産力検定試験を行った。併せて特定の系統を選び機械植えによる普通栽培も試みた。

検定試験の結果、収量性、食味値とも、選抜系統は、いずれの対照品種に比べても高くなることが認められた。選抜系統間の比較については、３年間とも明らかにＡＫ３０３が他系統より優れていた。躊躇なくＡＫ３０３を新品種登録候補と決めた次第である。ＡＫ３０３は、密穂（一穂の籾数が多い）、やや長稈であるが茎が強く倒伏耐性を示す。やや晩生であるが、その両親の特性から見て、アレルギー疾患の改善や健康の増進に役立つことも期待できる。品種名は、『神秋津（かみあきつ）』とした。天・神の恵みにより、大地震の惨禍を乗り越え、秋津（赤とんぼ）が乱れ飛ぶ豊穣の地に誕生した米をイメージしてのことである。

八巻さん夫妻に改めて自然農法の印象を尋ねると、「自然農法によって家族全員の健康が守られている。食べものがすべて美味しい。そのため医者にかかることも、薬を飲むこともない。食べ物が薬であり、特に米が大切である」と答えてくれた。この地を拓いた父親の志と願いが確かに生きている。さらに、八巻さん夫妻は、自然農法から受けている恩恵を周囲に伝えたいと、地元の人たちと共に「大玉畑の学校」を開き子供たちに自然農法による野菜作りや自然と接することの大切さを教えて３０年以上に及ぶ。父から子へ、そして地域へといのちのバトンは伝えられていく。３．１１大地震の被災地の只中から生まれた新品種『神秋津』も、また、未来に灯りをともすひとつの希望のバトンとならないだろうか。（２０１７年５・６月号）

八・米の力

55．米の力

「今日の栄養学は穀類の栄養を軽んじている」（『神事の健康』、１９８２）。岡田茂吉は戦後間もなくこのように言っていた。日本人の主食である米の大切さを強調していたのである。「強力《ごうりき》は、大きな弁当箱に詰め込んだご飯と梅干だけで、何十キロもの荷物を背負い険しい山を登る」とも岡田は語る。この話は「米は、肉やパンに比べて、食べてすぐに大きなエネルギー源になる」という現在わかっている栄養学の知識にも符合する。米は、確かに日本人が生活する根源的な力になってきたのである。一方、この５０年ばかりの間に、日本人の米の消費量は半分以下になっている。

宮沢賢治の有名な詩「雨ニモ負ケズ」の一節に「一日ニ玄米四合ト味噌ト少シノ野菜ヲ食べ」があるが、一日に玄米四合を食べるのは多すぎるというイメージがわたしたちにはある。しかし、これは、質素な生活を実践していた賢治の基準で、当時一般の人たちは五合もあるいは六合も食べていたのだという説もある。江戸時代、貧しい農民たちはまともに米を食べることができなかったといわれるが、生活の節々にはやはり米のエネルギーによって支えられていたことを数々の農書（『農書全集』農文協）が示唆している。

「田植えの方法には半日田と一日田（半日または一日中植える）がある。田植の時は食事を出す。半日田の場合、朝食には一人当たり白米八合、小昼の飯には白米三合を田に持っていく。また、昼食には白米八合。合計して一升九合。なお、昼食は田植えを済ませて家に持って帰って食べる」（『耕稼春秋』、加賀、１７０７年）。「田植えの日には貧しい農家でも米の飯を食べる。これを『一年中の食柱《くいばしら》』という。この時期に日雇いを雇えば、一日一人の賃米は一升三、四合であるという」（『粒々辛苦録』、越後、１８０６年）。「一日飯米代の見積もり。一日九合としたときは銭九百文（農業を一人前に勤める者の場合）」（『農業根元記』（栃木、１８７０）。

江戸時代の農民が田植時に食べたという米の多さには驚かされ、なお疑問も禁じ得ないほどであるが、いずれにせよ、日本人は昔よりここぞという重要な生活の場面で、沢山の米を食べ生命を支えてきたことは確かなようである。『苦海浄土』など幾多の名著を世に残した石牟礼道子さんの遺作の中にもこのようなエピソードがある。石工の棟梁であった祖父が温泉場の開拓事業で雇っていた職人・人夫５０名ほどに家族総出で一人につき5合弁当を用意するのに大わらわであったとのことである（『魂の秘境から』、２０１８年）。

このところ、日本人の生命力が衰えているだろうことは、その世界有数の自殺率の高さからみても推察できる。米には、小麦やトウモロコシなどの穀物と比較して、あらゆる栄養素が格段にバランスよく含まれていることで注目される。さらに、癌、認知症、心身症、高血圧症などの改善効果に可能性をもつ高機能性成分が多く含まれていることも明らかにされている（『お米の力』、佐々木泰弘、２０１６）。昔の日本人が想像を超える量の米を食べたのは、現代とは異なる米の遺伝的特性の違いによるのかもしれない。わたしたちは、日本の在来種、「旭」や「亀の尾」を主な交配材料にして、農薬・化学肥料に依存しない自然農法に適応する稲品種の育成に取り組んでいる。今、育成されつつある新品種・系統はコシヒカリなどの近代品種とは異なった特性を持つことをわれわれは知りつつある。新品種・系統の米は、近代品種のコシヒカリなどに比べて粘りが少ない傾向がある。しかし、アレルギーなどを癒す機能性を有する例証もあり、多く食べても胃にもたれない特性を持つ。日本人の生命力を蘇生させる米になりそうである。そのような夢と希望を抱きながら稲の行脚を続けている。（２０１７年７・８月号）

５６．家族農業のすすめ

もうずいぶん昔の話になる。アメリカのオレゴン州立大学農学部の学生２０名ほどが数名の教員に引率されてわたしが勤務する静岡大学に訪ねてきたことがある。その折、わたしたち教員・学生の有志が、彼らと共に当農学部付属農場の宿泊所で酒を飲み一夜を語り明かすことになった。わたしはアメリカの農業事情が知りたくて、確かアメリカの農家人口の割合について質問したのだと思う。あるアメリカ人学生は少し怪訝な顔をして、「うちの父は農業会社でトラクターの運転をしているが、それも農家人口に入るのか？」と訊かれて戸惑ったものである。アメリカは当時大規模企業農業が最盛期の頃であったのだろう。

アメリカは、建国以来、綿花、タバコ、トウモロコシなどの単一作物のしかも奴隷を使用した大規模の農業によって膨大な土壌流失を招いたと語り継がれる。さらに、トラクターなど大型農業機械の普及によって農業規模は格段に拡大し、いわゆる企業農業の最盛期を迎え土壌流失は加速されていった。広大な土地を所有した会社は、近代的な灌漑設備によって地下水を大量にくみ上げ、大量の農薬・化学肥料を使用して単一栽培作物の収量を飛躍的に増加させた。しかし、会社は短年月で疲弊し砂漠化した土地を捨て、新たな場所を求めて同じような農業を繰り返す。企業農業がアメリカ国土の深刻な砂漠化を招いた一つの例である。

危機に直面したアメリカは、１９８０年代に入り、環境と調和する持続的農業・代替農業の実現を目指して、全米研究協議会の下に研究プロジェクトを立ち上げることになった。このプロジェクトに参加した科学者、技術者や農業者は何千人にも及んだといわれる。８０年代終わりには、この研究成果『代替農業』（全米研究協議会・農業委員会、１９８９）が公表され、その後の農業政策に反映される。農業規模を縮小しても、また、農薬・化学肥料の使用を低減しても、地域の環境に配慮し、栽培体系や作物品種の多様化など農業管理を緻密に行うことによって作物の生産性や経営効果は高まる、というのがその主な結論であった。企業農業から家族農業への転換といってもよい。

国連は、２０１４年、「家族農業」を推進することを決議した。小規模の家族農業の持続的発展が食糧安全保障と国際平和への道であるとしたのである。ヨーロッパの国々も元々家族農業を主とする農業政策を選択してきた。日本の農政は、今、家族農業から企業農業に舵を切るターニングポイントにあるように見える。わたしは、今こそ、広く世界を視野に入れ、地球および地域環境の現実を直視し、日本農業の未来のありようについて、学際的に人知を総動員して検討すべき時機だと考えているのである。折から、わたしたちの自然農法に適応する稲育種は１３年目を迎え、最終の品種決定試験の段階に至っている。農業のビジョンは、常に地球あるいは地域の自然環境や人々の健康を根底にすえて描くべきものと考えている。（２０１７年９・１０月号）

５７．少年の夢

とある少年院（駿府学園）から思いがけず情操指導の講師を依頼されたのは定年後2年目、２００６年春のことであった。中学3年から高校2年生の少年をまとめての講話を主とした指導が主な仕事らしい。殺人以外のあらゆる罪を犯してきた少年たちが相手である。頼まれたことはいつも安受けしてきたわたしだったがこの時ばかりは大いに躊躇した。一週間考える時間が欲しいと返事をした。そして考えた。この役が自分に勤まるだろうか。その挙句「自分は長く稲の研究をしてきた。稲の話ならできる」。このように思いついて引き受けることにしたのである。

その年の秋、初めての講話に向かうときは緊張した。校舎に入ると付添の教官に誘われさらに厚い鉄のドアを鍵で開けて、鉄格子の教室に導かれてゆく。普通の少年は、不良少年が苦手である。そんな気持で教室に入り、確か６０人ほどの少年たちの顔に接することになる。３名ほどの教官が教室に立ち会う。ガキ大将のような相貌の少年もいるにはいたが、総じて涼しい瞳の少年たちに意外な感じがした。「稲から学ぶ」を主テーマとして、回数ごとに、「生きる力」、「幸せを実現するために」、「戦争と平和」などの副題を付けて話すことにした。初めての講話のとき、話し始めて、シラーとしらける空気が教室全体に満たされたのには内心衝撃を受けた。話し手のわたしとしては初めての経験である。大人社会への冷ややかな批判、あるいは甘く生きてきたわたし自身の心の内を見透かされているようにも思った。

自然農法の稲の姿をスライドで示し始めると、その空気も変わってきたように感じた。ここぞとばかり、ある少年を指さして感想を求めた。明解に筋を通して語る少年の言葉に感動して、わたしも思う所を述べた。多分わたしの感動がその少年に伝わったと思う。少年の顔が輝き始めた。それからは、指名はせず全体に感想を求めた。少年たちは次々に手を上げて感想を述べる。かなり難しいテーマであっても、少年たちと言葉のやり取りをしながら進めると、講義が成立することをわたし自身学ぶことができた。これまで、小中学生、高校生、大学（院）生などを対象に多くの場面で話す機会を持ってきたが、少年院の講話で得た充実感はまた格別のものがある。それは少年たちの際立った切実感によるのだと思っている。更生して、まともな人間になり、鉄格子の教室から解放されて、故郷で普通の生活がしたい。少年たちの夢は、決して有名人やお金持ちになることではなく、普通の生活がしたいということである。
3．11以降、「普通の生活」の大切さや価値が日本国民に深く刻まれたはずであった。それもつかの間、3．11の風化は想像以上に早く進行したようにみえる。人を助けて、自らは大津波に流されていった多くの人たちをわたしたちは記憶から消していく。お金至上主義の欲望ばかりが膨張するわたしたちの世界の中、未来を創る根っこが衰弱していく印象が強い。あの少年たちが夢見る「普通の生活がしたい」は、実はわたしたちが今最も必要とする夢なのではないだろうか。「人間も稲も同じだなと思いました。根っこの写真を見た時、見えるところじゃなく見えないところが大切。人間もそうだなと思いました。人に左右されず、自分のことを必死にやることが自分には必要だと感じました」。ある少年の感想が胸を打つ。（２０１７年１１・１２月号）

５８．幸運を伝える育種材料！？

秋が来ると稲育種の旅、いわばわたしの稲行脚がはじまる。石川県津幡町の得能順市さん（１９４６年生まれ）の水田がいつもその出発点となる。静岡から新幹線で米原に向かい、特急電車に乗り換え、北陸トンネルを抜けると福井県の嶺北地方に入りすぐにわたしの故郷の風景が広がってくる。車窓からはいつも仰ぎ見ていた越前富士といわれる霊峰日野山（７９５ｍ）の姿が現れ、生まれた街、武生市（現越前市）が近づき、子供の頃飛び跳ねていた山（村国山）や川（日野川）が車窓を走りすぎてゆく。ちなみに、日野山は、古の平安の世、国司として赴任した父とともに滞在した紫式部によって「ここにかく／日野の杉村／埋む雪／小塩の松に／今日やまがへる」とうたわれた山である。

いつも郷愁の心を残しながら終着の金沢駅に降り立つのである。当駅から車で1時間ほどの山間のなだらかな棚田の一角（海抜１００ｍ）に得能さんの水田がある。そこは能登の入り口でもある。得能さんは身体が弱く、４０歳を過ぎたころ病気がちで勤めていた会社を辞め農業を継ぐことになった。家族も病気がちだったという。数年の後ＭＯＡの自然農法に出合いその実践者となる。それ以降家族ともども徐々に健康を取り戻し、今は当人も家族も健康になり、活き活きと自然農法で米を作り続けている。息子さん夫婦も積極的に農業を手伝ってくれる。自然農法開始当初は、例にもれず、周囲から馬鹿にされたが挫けずに頑張った。今は馬鹿にされることはなくなったが、周囲で自然農法を実践してみようという農家はいないといぶかる。

百姓は今も昔も「生かさず、殺さず」で国から飼育されているようである。補助金をもらって「集落営農」（法人）を実施していたことがあったがそれも3年で辞めた。農業の法人化や企業化は結局ムダになるケースが多いのではないか。自然農法に転向して、病害虫（ウンカ、イモチ、ドロオイムシ、カメムシ）の問題が生じたことがない。植物も人間も同じである、健康に生きるのが一番良い。得能さんはそのように語る。

育種目標は、例にもれず自然農法において収量が上がり良品質の米・稲品種の育成である。育種目標を達成するために、母親（母本）をコシヒカリ（Ｋ）とし、父親（花粉親）を亀の尾（Ｋ）のＫ×Ｋ交配組み合わせを選択した。表題の「幸運を伝える」育種材料をコシヒカリに託したのである。亀の尾は良質米の育種材料ということになる。ここで、コシヒカリの運の強さについて一言述べなければならないだろう。

農林1号と22号が交配された選抜前の育種材料（種子）が新潟県より福井県農業試験場に送られてきたが、戦時下にあって長く冷蔵庫に放置された。それが福井大空襲でも生き残り、ようやく戦後の1948年（昭和23年）、当試験場・育種圃場の水はけの悪い部分に栽培された。多分期待されていなかったのだろう。田植後しばらく経った6月28日、福井大地震が生じて当圃場は壊滅した。灌水不能のため圃場の稲はほとんど枯死したが、たまたま水はけの悪い部分で生き残った苗からコシヒカリが生まれたというのである（粉川宏、新潮社、1990）。当震災は小学校3年生の時20キロ離れた武生市で経験した。酷い揺れに立っていられず這いつくばったほどである。余震を畏れて二晩は戸外で寝た記憶が残る。福井県がコシヒカリを奨励品種にしたのは、新潟県に遅れること16年後のことであった。

得能さんの耕作法について、播種は5月中旬、田植は5月下旬。栽植密度は30×30㎝の粗植である（除草機による除草がしやすいのが主な理由）。肥料は元肥として有機アグレット（ワラエース）20㎏／反使用。除草は、除草機と手取り、また田植え後のチェーン除草を試みている。近年冬季湛水も試みその効果を確認している。土壌は砂壌土または褐色森林土である。

2008年にK×K第3代（F3）集団の種子を持ち込み、F4集団に次いでF5集団で個体選抜を開始した。それ以降、系統選抜と選抜系統内の個体選抜を繰り返し、２０１４年より3年間、絞り込んだ5系統、ＫＫ９１、１０８、１３６、１３７、２４８と対照品種、コシヒカリ、亀の尾を栽培し適応性・生産力検定試験を行った。またその間、機械植えによる普通栽培の試験も行った。これらの試験の結果から最終的に新品種候補として選ばれたのは、ＫＫ１３７であった。新品種名は輝いている穂をイメージして『ほのきらら（穂のキララ）』とした。この品種がコシヒカリの幸運を受け継いでたくましく輝かしく新しい時代に歩みゆくことを祈り信じている。（２０１８年１・２月、２０２１年一部加筆）

５９．ウイーン再訪

昨年（２０１７年）末、国際原子力機関／国連食糧農業機関の共同部門長より思いがけず招待状が届き、２８年ぶりにウイーンに行くことになった。合計では4度目の訪問に当たる。当部門が世界から6名のコンサルタントを選び、今後5年間にわたる「気候変動に対応する穀物の病害抵抗性育種」プロジェクトの内容を検討するためである。１２月１８日より２２日までの5日間、朝から夕方まで文字通り缶詰状態で、部門長が司会者となり、6名のコンサルタントがそれぞれ意見を出し議論をして、具体的な計画案を作成した。部門からの研究者たちはオブザーバーとして参加しやはり意見や質問を出してくる。会議の前日にウイーンに入り、会議終了の翌日は帰国に向かう過密なスケジュールで、久しぶりの懐かしい街並みを見て歩く余裕はなかった。

旧市街地の中央に、ウイーンの象徴といわれるザンクトシュテファン寺院がそびえている。12世紀から15世紀にわたり建設された、137mの塔を抱くゴシック風のカトリック教会である。外観の威容はもちろん、寺院内も荘厳な雰囲気に満ちて多くの人たちが祈りをささげている。当初その寺院に遭遇した時の衝撃は今も変わらずわたしの心に響いている。せめてその姿だけは見たい。毎日会議が終わるたびに、地下鉄に乗って駆けつけ、寺院の内外に佇み感動を新たにしていた。「何も変わっていない！」久しぶりの寺院の前で感じたことである。垣間見た街の風情も変わっていない。その美しさも汚さも。道路には馬車馬の糞が転がっているし、犬の小水の跡もあちこちにある。また、寒さの路地に正座して恵みを乞う人の姿も多くあった。

さて、会議は各コンサルタントの自己紹介と研究概要の発表から始まった。気鋭の研究者であろうコンサルタントたちの発表によって、遺伝子（DNA）レベルの研究は格段に進歩していることを思い知らされた。この13年間、ひたすら現場での水稲育種に没頭していたわたしには先端的な科学用語を駆使しながら、激しくぶつかり合う議論に割り込んでいくのは難儀なことでもあった。わたしがこの会議に招聘された理由は、永く「稲白葉枯病」にかかわる研究を行ってきたからに違いない。わたしは、大仁農場において自然農法の条件下で進めてきた白葉枯病抵抗性品種の育成について話した。極低投入の自然農法にも適応しながら白葉枯病に抵抗性の品種を育成しようとする発想に出席者一同大きな関心を寄せたようである。「自然農法」を提示してこの会議でのわたしの役割は果たせたと思っている。

気候変動によって、世界の主要作物、稲や小麦の病害が著しく増加している現実をこの会議をとおして知ることができた。日本においても例外ではない。昨年秋、わたしも近年日本の水田から姿を消したようにみえた稲白葉枯病が水田一面に広がる光景を目撃し驚いたばかりである。そのような気候変動への対応が病害抵抗性の品種を育成するのみでは不十分であると考えている。自然農法を農業生態系に据え付ける視野が欠かせないであろう。何よりもウイーン再訪の成果は、先端的科学に自然農法の視野を組み入れる必要があると実感したことである。（２０１８年３・４月号）

６０．大仁農場と農業大学校の若者たち

大仁農場の風景は春夏秋冬の季節や一寸の時を問わずいつも美しい。伊豆の山間に杉の森や雑木林の

丘陵に囲まれながら、視界は広くなだらかに起伏して、西南方向の先には天城連山がはるかに望まれる。百花繚乱の春から、若葉を経て緑萌える夏になり、金色の紅葉の季節となる。寒風吹き抜ける冬に在っては、枯れ木の雑木林が次世代のいのちを宿してやはり美しく心に迫ってくる。その風景をさらに美しく彩るのが農業大学校の若者たちの姿である。

わたしが、農業大学校の学生たちと直に接する機会は多くはない。専門の「作物育種学」を講義する時がその絶好の機会となる。もう一つ、彼らが育てた野菜を販売会で買って食べる時もその良き機会といえるかも知れない。いつも食べた後にその野菜の味をとおして学生たちの初々しい精神を感ずるのである。その野菜たちは確かにわたしの心身を活かす生命力を持っている。

農業大学校は開設以来ほぼ３０年になる。その間３００名ほどの卒業生を社会に送りだしている。平均すると一学年１０名ほどである。小さな学校に違いない。高校を卒業して入学してくる学生が多いが、大学・大学院を卒業・修了して、あるいは企業を退職して入学してくる学生もいる。現在は、基礎技術科１年とそれに続く営農技術科１年のコースになっているが、営農技術科にまで進む学生が多い。フィールドで学ぶ実践教育が主であるが、大学でいう卒論に当たるものに（わたしから見て）実に広い試験用の田畑が与えられての課題研究がある。自ら課題を見つけ作物を選び栽培し、販売もしながら経営の経験もできる内容である。わたしが永く在籍した国立大学ではありえない恵まれた教育環境である。

講義を始めて１０年余になるが、テストや宿題で出すレポートを採点して目を見張る独創的で論理的な学生たちの資質を発見することも多い。思考力は実は現場でこそ養われる証であろうか。校長をはじめ教育を担当する教員たちが学生一人ひとりに懇切丁寧に接する姿もまた大仁農場の日常において目にする光景である。小さな学校でしか実現できない教員と学生の結びつきであるだろう。ここで見る人と人、そして人と自然とのたおやかで深いかかわりの姿の中に教育の原点があると思っている。

わたしたちには何となく「大きいことは良いことだ」という意識がある。「大は小を兼ねる」という言葉もある。農業についていえば、わが国が大規模の企業農業を推進していることは周知のことである。実は欧米をはじめとする世界はこれとは逆の家族農業の方向を目指している。大規模企業農業の失敗の歴史から学んでの事である。教育組織についても小さいほうが良い。江戸時代の寺子屋の教育の質の高さが評価されているところでもある。教育と農業は国の根幹である。大仁農場の小さな農業大学校で育まれていった若者たちがそれぞれに日本の各地域において、地域の時代、いのちの時代の創造へむけて大きな働きをすることを信じている。（２０１８年５・６月号）

６１．種はいのち―黒船異聞

ペリーが率いる黒船が浦賀に来航したのは１８５３年のことである。長い鎖国の夢が覚される日本歴史上の大事件であった。何故ペリーは日本に来たのか？　あらかたの日本人は学校でその理由を学んでいるはずである。しかし、その主な目的（の一つ）は、日本在来の野菜の種を収集するためだった、としたら意外に思う人も多いに違いない。もう昔のことになるが、わたしの専門である「植物育種学」の講義の参考書にした、育種学の世界的権威であるアメリカ人のアラード博士が著した『植物育種学原理』（R. A. Allard、『Principles of Plant Breeding』、１９６０）の中でそのことを知ることになった。

アメリカは植民地時代を含め建国以来最も重視したのが農業政策である。農業は国の基であるというが、その農業を支える種の収集に力を注いだのである。当時、最も機動力の高かったのが国を自由に行き来できる軍艦であった。軍艦は、世界中から種（植物遺伝資源）を集める役割を担っていた。その活動が最も活発だったのが１９世紀。ペリー艦隊はその代表的役割を果たしていたという。乗組員の中には農業の専門家もいた。この記事に接した時は実に驚いたものである。すぐに、この事を確かめるため、ペリーの日記などを調べることを思いついた。幸い静岡県立図書館で2冊の日記、『日本ペリー遠征日記』（マシュー・ペリー、金井圓訳、１９８５）、『ペリー日本遠征随行記』（サムエル・ウイリアムズ、洞富雄訳、1980）を見つけることができた。実に分厚い本であった。

ペリーの日記には、植物や作物種の探索や収集が遠征の主な任務となっていることが記されている。後者の随行記には、著者の宣教師が若い農学者やその他の乗組員を連れて横浜近郊の里山を散策し、日本の農村風景の美しさに感動しながら、精力的に種々の野菜や農作物の種を探索し収集する様が描かれている。地元の農民たちも物珍しげに集まってきて、外国人たちの収集やその荷造りを手伝う姿もいきいきと表現されている。戦後、日本に上陸してきたマッカーサー元帥は、先ず日本全国の農村の調査に乗り出した。調査隊に属していた米人農学者は、東北農業試験場の片隅に植えられていた矮性小麦（農林10号）を見つけその種を本国に送った。それが、小麦品種育成の一大変革をもたらすことになったのである。それらの品種による飛躍的な食糧増産は「緑の革命」と呼ばれることになる。

アメリカといわず、ロシア（ソ連）、中国、ヨーロッパ諸国なども、種の収集保存には国を挙げて最大限の努力を払ってきた。アメリカが種子保存の公的機関を設置したのは1699年のことである。日本が初めて公の種子貯蔵庫を農業技術研究所（農林省当時）に設けたのは1966年である。遅すぎたきらいはある。しかし、それ以来、日本も種の重要性を認識し、数多くの植物探検隊を組織するなどして種あるいは植物遺伝資源の収集保存に努めてきた。それがいきなり、この4月から「種子法」を廃止して、国が種（子）の管理を手放し、民間企業に任せることになった。種は一人ひとりのいのちを育むいのちの源である。市場経済やお金に左右されるものでは決してない。おわりに、ノルウェー領スピッツベルゲン島に北極種子貯蔵庫を建設した、ベント・スコウマン博士（スウェーデン）の言葉を引用しておこう。「種子が消えれば食べ物も消える、そして君も」。（２０１８年７・８月号）

６２．球磨の里から

熊本空港から、出迎えてくれた現地普及員の車で、九州自動車道を、阿蘇の雄大な山並みの風景を望み、いくつもの山懐を越えて人吉インターまで走る。高速道路を降りて、さらに、人吉市の街並みを通り抜け、いくつもの里山が点在する球磨川流域に沿って上り、３０分ほどでようやく湯前（ゆのまえ）町に着く。２時間ほどの道のりである。湯前町は九州山地南端の球磨盆地東北部の海抜２００ｍほどの球磨川上流域に位置している。その一角に椎葉武馬さん（１９４２年生まれ）所有の水田（育種圃場）がある。その水田に到着するといつも湯前自然農法普及会の人たちや九州各地から集合してくれた普及員数名（代表は高橋勇幸さん）の総勢３０名ほどが田の傍らに集まって笑顔で迎えてくれる。そのたびに心の故郷に戻ってきた感慨に包まれる。

当地の育種が始まったのは２０１０年のことである。旭（Ａ）×亀の尾（Ｋ）交配雑種集団から選抜した３５のＦ５系統を持ち込み栽培し、系統間の比較をしながら選抜試験を行った。自然農法に適応する暖地向きの新品種を育成するのが育種目標であった。湯前町には６００町の水田があり、その三分の一、２００町を自然農法水田で占める。普及会の人たちは６００町すべてを自然農法水田にすることを目指している。いきおい、育種への期待度も大きい。椎葉さんをはじめ集合していたみんなで賑やかに、稲たちの顔色を観て、意見を出し合いながら１７系統を選抜した。

当地の水田土壌は褐色森林土。粘土質土壌である。播種は例年5月１０日、田植は6月２０日頃である。栽植密度は３０×２０㎝。肥料は元肥として稲藁を全量還元するのみである。除草は例年田植え後に除草機を2回入れ、加えて手取り除草を2回行う。試験田以外は合鴨を用いて除草を行っている。

２０１２年、選抜した１０系統について、２０１３年から3年間にわたって、適応性・生産力検定試験を行った。対照品種は交配親の旭、亀の尾および地元の代表品種、ヒノヒカリとした。その結果、系統番号ＡＫ７７およびＡＫ５９—１の2系統を登録品種候補として挙げた。

２０１６年は、4月上旬、熊本地震に襲われる年となった。益城町を震源とする最大震度7の稀にみる大地震であったが、湯前町には大きな被害が及ばず、例年通り育種事業を続けることができた。しかし、秋に当地を訪れたとき車は、なお、いたるところ道路の凸凹をバウンドしながら走らなければいけなかった。車窓からは青いシートでカバーされた多くの家屋を目撃し、被害の甚大さに改めて衝撃を受けたことを記さなければならない。

当年、選抜作業後、町営の温泉宿『湯楽里』で開かれる恒例の勉強会（飲み会を含む）は、ＡＫ７７と５９―１のどちらを新品種とするかの検討会となった。その結果、もともと地元の人たちに注目されていたＡＫ７７が難なく選ばれた。熊本大地震の年に新品種が決定されることになったのである。品種名は、九州地区の自然農法普及会員に広く公募して、最終的に『くまみのり（球磨実）』とした。球磨川沿岸の美しい球磨の地で生まれた実り豊かな稲をイメージしての品種名である。わたしたちの稲育種事業で生まれた第１号の品種登録である（※）。

椎葉さんは当初からＡＫ７７の稲の姿が最も好ましいといっていた。収穫期に上位３葉が枯れずなお生きている稲が最良であり、そのような稲の穂首を持つと穂が丸く垂れる。それがＡＫ７７であると椎葉さんは語る。当新品種はさっぱりした滋味深い味わいが特徴である。コシヒカリなど近代品種の粘りのある食味とはむしろ反対の趣である。しかし、当新品種の米は、アトピー性疾患を癒す機能性を持っていることが多くの症例より明らかにされている。また、晩生、長稈であることも多くの近代品種と異なる特性である。長稈は倒伏の原因として嫌われるが、当新品種は茎が太く強稈の特徴も持つ。当新品種を栽培したある農家は、台風の襲来時、隣接の慣行農法水田のヒノヒカリが倒伏の被害を受けたが、当新品種については全く影響を受けなかったと語る。

さて、椎葉さんに自然農法を始めた動機を訊ねると、過疎化していく湯前町が活性化するための話し合いのなかから、自然農法の活動が芽生えてきたという。健康に良く、経費もかからない自然農法は町の活性化につながるだろうと考えたのである。ご自身やご家族が自然農法を始めて以来とくに元気になり幸せな日々を送っていることを椎葉さんは笑顔で語る。酒造業者と連携して、自家製の自然農法米を材料にした伝統的な手法で焼酎『湯前《ゆのまえ》』を造り全国的に販売もしている。この焼酎は発売間もなく完売する人気商品である。自然農法普及会の全員が専業農家で経営はいずれも順調であるという。球磨の里に自然農法によって活き活きと暮らす人たちがいる。「球磨」は、美しい球・地球を磨くことを意味する。そこで生まれた新しい稲の品種の米が人々を幸福に導いていくことを祈っている。（２０１８年９・１０月号、２０２２年一部加筆）

＊２０２２年１２月登録が正式に認可された。

６３．マザー・テレサからの贈り物

わたしは、１９７９年の2月より１００日間ほど、国際原子力機関（ＩＡＥＡ）から専門家としてバングラディシュに派遣され、首都ダッカより北方２００㎞の都市・マイメンシンの農業研究所で突然変異育種研究の指導者として働いていた。３８歳のころである。ある日、カルカッタ市（現コルカタ市）から高級行政官が数人当研究所に訪ねてきた。彼らとの夕食の席で、渡航前にマザー・テレサの記録映画、『マザー・テレサとその世界』（千葉茂樹監督）をみて感動したことを思い起こし、そのことを話題に出した。彼らは思いのほか喜び、話が盛り上がったあげく、わたしを今すぐにでもマザーに紹介するということになった。思いがけない話の展開にわたしは驚き実際マザーの前に立つ自分の姿を想像し戸惑った。どぎまぎしながら「マザーに会ったら何をすればよいか？」などと意味不明なことを言ったと思う。彼らは、すかさず「お金を少しでもあげたらマザーは喜びますよ」とまた意外な言葉が返ってきた。わたしには、聖女といわれる人のイメージとお金がスムーズに結びつかなかったが、マザーは理想を実現するために活動資金も必要であるという現実的感覚も兼ね備えていたのだろうか。あるいは、お金を寄付することによって、マザーの働きにかかわろうとする精神に彼女は喜ぶのだろうとも理解した。その時、それなら自分にもできる、という安堵の気持ちが湧いてきたことは確かである。すっかりその気になって、急遽、現地の上司や日本の大学の事務局にインド旅行の手続きの相談を持ち掛けたが、短期間でビザの取得などできるはずもなく、この夢のような話は実現しなかった。

この年の秋、マザー・テレサはノーベル平和賞を受賞して時の人となる。その後マザー・テレサに会いたいという気持ちは募り、その機会を待ちに待った。18年後ようやくその機会が訪れたのである。1997年9月28日、マザー・テレサと親交のあったあるインド人青年、カマルさんの引率による20名ほどのグループでカルカッタのマザー・テレサを訪ねる旅行に加わることになった。しかし、その3週間ほど前の9月5日にマザーは心臓発作で急に帰らぬ人となったのである。長く待ち望んだマザーとの対面の夢が破れて絶望的な気分になったことはいうまでもない。いったんは旅行をあきらめたが、気を取り直してマザーが働いた場所を訪ねお弔いをする気持ちでその旅行グループに加わった。

1997年9月28日の朝、ホテルを出てごみと埃と貧しい人にあふれるカルカッタの街を歩き旧ヒンズー教寺院跡のマザー・ハウスに着いた。街中にはいたるところマザー・テレサをたたえ感謝する横断幕が張られて風になびいていた。マザー・ハウスは意外に雑踏と騒音の只中に建っていた。しかし、マザー・ハウスの中は明るく清浄な光にあふれた空間が広がり、白いサリーをまとった多くの修道女たちが朗らかな表情で立ち働いていた。大広間の中央に大理石の墓があり、その下にマザーが永遠の眠りについている。マザーを弔う人の群れは途切れることなく、墓を取り巻き手で触り静かに深い哀悼の意を表していた。時にはすすり泣きの声も響いていた。わたしたちはその傍らで長く祈りの時をもつことになった。記念追悼会にも参加する機会が与えられたが、時に神父さんの説教の声がかき消されるような騒音が往来から侵入していた。わたしたちはマザーが常時貧しい人たちと共に生きた証の一端を経験できたのかもしれないと感じたものである。

「生きたマザー・テレサに会うためには彼女がいるところに行かなければならないが、天に上ったマザーはいつでもあなた方のところに行くことができます」。わたしたちの案内役を担った、マザー最後の付き人を務めた日本人シスターの言葉はわたしにとって大きな慰みとなった。別れ際に彼女からマザーからの贈り物として、メダイをわたしたち一人ひとりに手渡された。メダイとは、ポルトガル語でメダルを意味する。カトリックの信者が身に着けるお守りのようなものである。そのメダイを手にして驚いた。表にはマリア像、裏面にはマザーの頭文字Mとともに「土」という文字が太く彫られていたのである。すぐに気づいたことであるが、それは十字架が大地に立っている姿であった。確かに十字架は大地に立っていた。十字架の風景は、土（大地）と人と天を繋ぐ象徴である。自然農法の風景がその時わたしの心によみがえってきた。

最後に案内されたのが、マザー・ハウスから少し歩いたところのシュシュババンといわれる「子供の家」であった。親を無くしたり、障害を持った幼い孤児たちなどが収容されている施設である。まだ陽の高い戸外から施設内に入ったわたしたちの目には薄暗い感じがしたが、広い部屋には、多くの柵付きのベッドが並び、その中で多くの幼児たちが眠り、よちよちと動き、いろいろな国から集まってきたボランティアの人たちに介護されたりしていた。日本からの女性ボランティアの姿も見えた。そこには静かな空気が流れていた。その中に突然わたしたち２０名ほどのグループの出現である。思いがけない来客に幼児たちが一斉に喜び沸きたったように感じた。わたしがある２、３歳くらいの女児の前に立った時、彼女は飛び上がるようにして喜び何か興奮気味に言いながら、わたしにティシュペーパーをちぎって何枚も与えてくれた。これもまた忘れられないプレゼントとなった。メダイもティシュペーパーの切れ端もわたしの大切な宝物となっている。（２０１８年１１・１２月号）

６４．陸羽一三二号

わたしが理事長を務める「静岡いのちの電話」主催の講演会で岩手県釜石市から『風の電話』を主宰する佐々木格さんを招いてお話しして頂いた。佐々木さんは３．１１の大津波に遭遇し、九死に一生を得たのち、地域の被災者の支援に奔走して今日に至る。彼は元々宮沢賢治に傾倒してきたが、３．１１

以降賢治の思想をより深く理解できるようになったという。賢治ブームはそれ以降東北地方を中心にさらに広く深く浸透しているらしい。その一つの証として、水稲品種「陸羽一三二号」の栽培が賢治ファンの間に静かに広がっているという話を伺った。

「陸羽一三二号」は、賢治の詩に度々登場する。『塩水選が済んでもういちど水を張る／陸羽一三二号／これを最後に水を切れば／穎果の先が赤褐色で／うるうると水にぬれ／一つぶづつが苔か何かの花のよう／かすかにりんごのにほいもする』これは、『塩水選・浸漬』（１９２４）という詩の冒頭部である。もうひとつ、稲作に精を出す少年を激励する詩『稲作挿話』（１９２７）の一部を示しておこう。『── あの田もすっかり見てきたよ／陸羽百一三二号のほうね／あれはずいぶん上手く行った／肥えも少しもむらがないし／いかにも強く育っている／──雲からも風からも／透明な力が／そのこどもに移れ』とある。「陸羽百一三二号」は、日本で交配育種が始まったころの品種で、寒さといもち病に強く、冷害に悩む東北地方農民の心に希望の灯を点すことになった。賢治も推奨するこの品種の栽培によって収穫量は2、3割増加したという。

日本でメンデルの法則など科学的知見を活かした育種が始まったのは明治４３年（１９１０）のことである。設立されて間もない秋田県の国立農事試験場陸羽支場で、寺尾博博士（１８８３〜１９６１）が日本在来の水稲品種を収集し栽培して、その中から有用な個体を選び出す試みを行った。遺伝的に雑駁な在来種の中から純系を選抜する初歩的な育種法によってである。そのようにして、在来種の代表格の一つ「愛国」の中から寒さといもち病に強い「陸羽40号」を選び出した。その後、博士らはその「陸羽40号」と評判の在来種「亀の尾」を交配し選抜試験を重ねて育成したのが「陸羽一三二号」である。昭和6年（1931）、新潟県農事試験場で並河成資（1897〜1937）によって「陸羽一三二号」と「森田早生」の交配後代から「農林1号」が選抜・育成された。良食味、多収の品種で東北の農民のみならず、戦中戦後にかけて食糧難時代の日本国民の飢えをしのぐ役割を果たした。その「農林1号」と「農林22号」の交配から生まれたのが「コシヒカリ（農林100号）」である。

以上、宮沢賢治が好んだ「陸羽一三二号」の話をきっかけに、稲育種の歴史の一端を示すことになった。この背景から見えてくるのは、賢治のいのちに共鳴する愛の精神や育種家たちの農民あるいは国民の窮乏を救おうとする必死のおもいである。わたしたちが進める稲の育種もこの精神の潮流の中にあると信じている。在来種の「亀の尾」や「旭」を交配親とし、自然農法水田で農家と共に選抜作業を行い、永年をかけて現在ようやく、品種登録が可能な段階にある。育成系統の中には、アトピー性皮膚炎を癒す証も得られている。

ちなみに、『風の電話』は電話線のない、津波で肉親や友人を失い苦しむ人たちが、天国の彼らと話す電話を意味する。並河成資は、「農林1号」育成の後の育種で行き詰まり若くして自ら命を絶った。また、

寺尾博博士の墓は静岡市駿河区池田のわたしの自宅から徒歩２０分くらいのところにある。（２０１９年１・２月号）

九・新しい時代の食べ物と農業に向かう姿勢

65．新しい時代の食べ物と農業に向かう姿勢

１９９０年、米国は、いわゆる新農業法を定めて、環境に配慮した低投入持続型農業（Low Input Sustainable Agriculture：LISA）を推進する農業政策を掲げる。その理論的根拠となったのが、全米研究協議会の農業委員会が膨大な数の研究者、農業実践者を動員して８４年から始めた米国農業の分析、研究の結果(*)である。ＭＯＡは、その頃、当事業を支えた農業委員会の顧問、パトリック・マッデン博士と盛んに交流し意見交換しながら自然農法の普及を推進していた。その傍らで自然農法研究にかかわっていたわたしが、なにげなくよく耳にした言葉が「リサ（LISA）からサレ（SARE：Sustainable Agriculture Research and Education）へ」であった。

リサからサレへの意味は、低投入型持続農業が経営的に実践可能であることを実証した上で、さらに普及拡大のためには研究と社会に向けた教育の推進が必要ということだろう。

わたしたちの稲育種が完成してきた段階で、この言葉がしきりに思い起こされるのである。自然農法に適応する稲品種を目標として育成してきた系統は稈が高く晩生、米の粘りが少ない（食味計による食味値は高い）などの特徴がある。これは、７０年間の近代農業の中で求められてきたものと逆であるといってよい。圧倒的にコシヒカリの粘りのある美味を好む日本人にわたしたちの粘り少ない系統の米が

受け入れられるだろうか。

コシヒカリが普及しはじめた昭和３０年代以降、米のアレルギーが現れるようになったという話はよく耳にする。米のアレルギー発症が品種の遺伝子の違いによって生じる科学論文も多く発表されている。一方、わたしたちが交配親として用いた在来種の旭や亀の尾の米がアレルギー症状を改善する実証例も報告されている。熊本県湯前町で旭×亀の尾の交配後代から選抜、育成した系統（「くまみのり」として品種登録中）（２０１８年当時）の米は酷いアトピー性皮膚炎を改善したという実証例もいくつかある。これらの事例についてはなお科学的検証を要するが、育成した系統の米が身体に元気をもたらすことは確かなようである。

巷には炭水化物の健康に及ぼす悪影響も喧伝され、米を避ける風潮も見え隠れする。元々米の消費量が著しく減少するさなかのことである。それは、農薬や化学肥料に依存しながらしゃにむに収量をあげる一方向に進めた育種にも原因があるだろう。それによる遺伝子の画一化はよく取りざたされるところである。育種の過程で意識しなかったでんぷんやたんぱく質に結果として変異が起こっている可能性もある。小麦についてもそのような問題が指摘され、小麦を避ける（グルテンフリーの）食生活が西欧諸国に広がっている現実もある。日本で各地域の（野菜の）在来種が話題を呼ぶようになっている背景にはそのような事情もあるのかもしれない。

食べ物や農業に向き合う姿勢を変革するべき重要な時機にわたしたちは今立たされていると感じている。わたしたちが育成した稲の品種を丁寧な教育という業を伴いながら普及していきたいと考えている。（２０１９年３・４月号）

＊『代替農業―全米研究協議会リポート』（久馬一剛、嘉田良平、西村和雄監訳、自然農法国際研究開発センター、農文協、１９９１）

６６．善いことがしたい

３．１１からちょうど八年目の朝、わたしは羽田空港を発って午後に中国、広州市の新空港に降り立った。中国人事業家、徐学明氏（４９歳）夫妻の篤い出迎えを受け、そこから北方へ２２０㎞を３時間ばかり車で走って氏らが経営する農場に着いた。仏教（禅宗）に帰依する氏らが、「人々の幸福につながる何か善いことがしたい」との思いから、農薬や化学肥料を使用しない伝統的な有機農業を実践する農場を２０１４年に開設して今年で５年になる。農場は、やわらかな緑の山々に囲まれ、幾筋かの川が流れる盆地の一角にあった。『禅農谷』と呼んでいる。古木が林立する自然薬草園や野菜畑、水田を擁する農場は１００haに及ぶ。有機農業からさらに上の段階をめざす自然農法に移行したいと願う氏の話を聞き示唆を与えるのがわたしの訪問の理由であった。

農場は、香樟といわれる古木の林を薬草園、開けた平地を野菜畑とした中洲の部分と、橋を渡った向こう岸から遥か山並みまでを水田とした２つのゾーンに区分されていた。林の中には、ゆっくり流れる川の岸辺に沿って何十もの一戸建ての家が建てられている。わたしが宿泊したその一つ、ツインベッドの部屋（家）は、広々として中国伝統の雰囲気が漂い、浴室・トイレも洗面所も一流ホテル並みの清潔さであった。香樟林には多彩な薬草が自然に茂り、人はそれに少しの手をかけてやればよい。野菜畑には、除いた草をためる池（雑草池という）に落花生の皮を撒いて発酵させた液を３倍に薄めて散布するという。徐氏が母親から学んだ中国伝統の方法だという。田植えを待つ水田には、まだ切株が多く残っていた。稲は、地域に伝わる在来種を栽培し、収量は反当たりに換算して４俵ほどである。

持っていったＵＳＢと現地のパソコンを用い、徐氏夫妻やスタッフの人たちに映像を交えて、岡田茂吉に始まる日本の自然農法の歴史、わたしの稲の自然農法研究や品種育成の成果や現状などについて説明した。話の途中にも質問やコメントが多く出る活発な説明会となった。感動的だったと彼らは言う。科学的に実証する姿勢に感じ入ったらしい。「自分たちはこれまでただ経験的な思い付きで農場を建設してきたが、これからはもっと科学的視点に立って計画的に運営し、自然農法を完成していきたい」と言いつつわたしに指導を願う。自然の霊気漂うまさに妙なる農場の姿に圧倒されていたわたしには、彼らの謙虚さがむしろまぶしく映ったものである。

口に入ってくる食べ物がどこから来るのか不明な今はまさに食べ物受難の時代である。農と食の倫理が問われる時代と言い換えてもよい。農と食の繋がりをいかに取り戻すことができるのか？　これは現代社会の最も重要な課題のひとつといえるだろう。わたしは、自然農法がこの課題の核心に迫り不透明な時代に灯りをともすことを信じて品種改良の仕事に長く取り組んできた。その意味でも徐氏夫妻が中国大陸に在って自然農法を目指すことを祝いたいと思う。協力を約束して帰国してきた次第である。それにしても、徐氏夫妻の「善いことがしたい」という素朴な言葉は、８年の歳月を経て３．１１の風化が著しい現在、特別な響きをもってわたしの胸に迫ってくるのである。（２０１９年５・６月号）

６７．中国苗族の棚田を訪ねて

２０１９年の４月１４日から１９日まで、中国貴州省の少数民族、苗族（ミャオ族）の棚田や村々を訪ねる機会があった。苗族は中国春秋時代に楚の国を建て、揚子江一帯に稲作技術を携え棲んでいたといわれる。しかし、秦の始皇帝（漢民族）との戦いに敗れ、中国西南部の山岳地帯に逃れて山深く畑を耕し棚田を拓いてひっそりと生き延びてきた。その生存分布は広く、インドシナ半島の山岳地帯にまで及ぶが、その大半は貴州省に棲んでいる。争いを好まない。日本人のルーツとも言われている。

旅行日程の最後に訪れた、黔《けん》東南苗族自治州従江県の急峻な山々に広がる棚田は、水が張られて田植えを待つばかりであった。この棚田は国際連合食糧農業機関（ＦＡＯ）によって世界農業遺産に認定されている。至る所に森を抱きながら何万、何十万いや何百万かも知れない棚田が天空に結び合っている。ところどころ水牛で耕す人が点のように見える。農薬、化学肥料や機械は一切使用しない。肥料としては使役動物の糞尿と枯草を混ぜて完全に発酵させた自然堆肥を用いる。除草は野鴨や田んぼで養殖する鯉を利用する。野鴨や鯉はもちろん食用となる。植える稲はいずれも当地に伝わる在来種である。何百年となく、このような伝統的農の営みが守られてきた。

ある村の農家を訪ねた時、家族と共に昼食をご馳走になる機会があった。薄暗い粗末な部屋の真ん中に設えられた丸い大きな卓袱台《ちゃぶだい》のようなテーブルを皆が椅子に腰かけて囲む。テーブルの真ん中には大きなボールにもち米のご飯がいっぱいに盛られていた。その周りにいろいろな副食が並ぶ。箸は各自に配られていたが、ご飯は皆が手でつかみ握りしめて食べる。箸は副食用のものであるらしい。中国の田舎で何度も酷い食中毒に罹ったことが頭をよぎったが、家族と同じようにご飯を手でつかんで食べた。

副食の中で、糀漬けの鯉の焼き物がとてもおいしかった。もち米で作ったという自家製のお酒もたくさん頂いた。遥か異郷の人々と何かいのちを共有している感覚に心が躍っていたからか、お腹をこわすことは全くなかったことを記しておこう。それにしても山の民の食材の多様性にはつくづく驚かされたことも付記しておく。

村の道端のいたるところに果物や野菜などの食べ物が置かれていることを奇妙に思いたずねると、それは神への感謝のしるしであるという。村人たちは、自然界のあらゆるものに神が存在することを信ずる自然崇拝（アニミズム）の信仰を持つ。しかし、ある村の山道を歩いていた時、思いがけず目前に美しい木造のキリスト教会が現れたことに驚いた。この村の人たちは優に百年以上も日曜日ごとに教会に集って祈ってきたという。仏教の寺院にもまた度々出合ったものである。キリスト教や仏教などの宗教が、村人たちの自然崇拝の生活の中によく調和して息づいているらしい。深い山岳の地に永く生存してきた人々の精神性の高さを示すひとつの証のようにわたしには感じられた。

のっぴきならない地球環境の危機にも気づかぬふりをして狂騒する現代文明社会の遥か彼方に貧しくひっそりと彼の棚田の村々が存在している。あの地にこそ真の富があり平和があり、人類の希望があるのではないかと思っている。（２０１９年９・１０月号）

68．トンボ飛ぶ田んぼからの音信

九月に入って朝夕は清風を肌に感ずるようになった。日中の暑さはなお真夏のようであるけれど、残暑に忍び入る初秋の空気は澄んでいて、空は一層青く、山並みに湧き上がる積乱雲は白い。吹きわたってくる風は大仁農場水田の実りにむかう稲穂をなびかせ微かな葉音を響かせている。そこに突然、チョウトンボが三頭現れ、もつれ、はなれ、高く舞い上がる光景が加わって、わたしは一瞬驚き少年時代に引き戻される。チョウトンボは全身も羽もクロアゲハのように黒く、ひらひらと蝶のように飛ぶ。小学校3年から6年までの夏休みは故郷（福井県武生市、現、越前市）の野山を友人たちと駆け巡りトンボを追いかけていた。チョウトンボはまさにわたしたち少年の幻のトンボだったのである。

わたしが大仁農場に勤務するようになって14年が過ぎた。その間、水田を飛翔するトンボの種類と数が徐々に増えてきた。田植後、最初に水田をわがもの顔に飛翔するのが、代表的ヤンマ類のギンヤンマである。淡緑色の胴体に鮮やかな青色の帯をもち、陽を浴びながら飛翔する姿には心を震わせる美しさと躍動感がある。盛夏から初秋にかけては、いろいろなトンボが出穂《しゅっすい》から登熟期に向かう大仁農場の稲田を彩る。鮮やかな赤色のショウジョウトンボ、黄橙色のオオキトンボ、褐色帯の翅をもつミヤマアカネ、橙から赤色に変色するナツアカネ、秋の代表的なトンボ、アキアカネなどである。チョウトンボは実は昨年一瞬目にしたが、今年からが本格的な登場である。その他、シオカラトンボや数種の糸トンボがいつも目に入る。

トンボは肉食動物で、羽化した田の害虫を摂食してその田を守る。水田の益虫の代表格である。秋津島は日本国の古称である。秋津がトンボを意味することは言うに及ばない。トンボはまた豊穣の秋を約束する象徴でもあった。そのトンボが日本の秋の風景から姿を消しつつあることを実感してもう何年にもなる。赤トンボの代表、アキアカネが１９９０年以降、千分の一に減少したという報告がある（上田哲行、『自然保護９・１０月号』、２０１２）。また、従来使用の農薬（パダン＊）とネオニコチノイド系のそれ（プリンス＊）との比較実験によって、ネオニコチノイド系農薬の影響が大きいことも実証されている。ひところミツバチの減少が世界的に大きな話題となった。西欧ではいちはやくその主要因をネオニコチノイド系農薬と特定したが、日本の学界ではなおその説を認めていない。

日本の稲作では、中干など乾田化する機会が多くなって、トンボの生育には不利になっていることも事実であろう。しかし、農薬や化学肥料に依存する農業システムから脱却を図らない限り、本来田んぼに生息する多様ないきものたちと共生するいのちの世界は見えてこない。レイチェル・カーソンが農薬の害を世界に警告して、『沈黙の春』を出版したのは１９６２年のことである。それから５７年、わが稲の国日本では田んぼから多様ないきものの声が沈黙する危機に瀕している。トンボが雄飛する自然農法の田んぼが日本列島に広がっていくことを願っている。

＊パダンおよびプリンス農薬の主成分はそれぞれフイブロニおよびカルタップである。（２０１９年１１・１２月号）

６９．良寛の心宿る越後平野から

越後平野の中央に位置する三条市のケーキ店主、関勉さん（１９５１年生まれ）の水田の一角で育種を開始したのは２００９年のことである。関さんは、米の減反や小麦の９割以上を輸入している日本農業の悲しい現状をみて、日本農業の再生を志す当育種プロジェクトに意気に感じ参加することになった。１９８８年（昭和６３年）からケーキ作りをはじめているが、輸入小麦に頼らず、米粉のケーキ作りに挑戦する意も込めて稲の育種に関心を持ったという。

喫茶室を併設しているおしゃれなケーキ店は街はずれの広大な水田地帯と接した場所にある。喫茶室の窓の外に関さん所有の水田があり、越後平野が広く見渡せる。彼方には、名跡の誉れ高い弥彦山や、その左側に良寛が中腹に庵を結び永く暮らした国上山《くがみやま》が高くなだらか連なっている。その向こうは海であり、さらに向こうには佐渡島がある。

越後平野は、今は、日本屈指の稲作地帯である。しかし、かつては信濃川や多くの河川の氾濫が繰り返され、稲作には全く不向きな土地であったらしい。農民たちは腰まで泥につかっての収穫を余儀なくされ、米の収穫量も極めて少なかった。そのようなわけで、そこに生きる人々は極度の貧困に喘いでいたのである。子供らと日暮れまで手毬をつく良寛の心の深奥には貧困に喘ぐ人たちへの激しい共感があったという。「八幡の森の木下に子供らと遊ぶ夕日のくれま惜しかな」良寛が歌ったものであるが、この八幡は関さん宅からも近い三条市の八幡神社のことである。

関さんは、１９９４年（平成６年）に自然農法を開始した。バセドー氏病を患っていた奥さんの春栄さんが勧められて自然農法の食べ物を摂るうち、みるみる健康を回復していった姿を見てのことであった。最初は草取りが大変だったという。春栄さんと二人で、早朝から月が煌々と照る夜まで田車を押して田を歩き回る日々が続いた。何年か後に、合鴨を用いるようになってようやく草取りの重労働から解放されることになる。合鴨は草も食べるが、特に虫を好む。鴨が水・土をかき混ぜるので水は常に活きていて糞によって田が臭くなることはない。

育種目標は、多収良食味に加え、パンやケーキ作りに適する米粉の稲品種である。多用途米として育成された超多収性のインディカ米の品種タカナリとコシヒカリの交配雑種を育種材料とした。２００９

年は、タカナリ×コシヒカリ（ＴＫ）交配雑種第2代（Ｆ２）集団の約３０００個体を1本植で栽培した。播種は4月１７日、田植は5月１１日、栽植密度は３０×２０（～３０）cm。稲藁を全量還元する。元肥として菜種粕５０kg／反、米糠ペレット２０kg／反を追肥。除草はもっぱら合鴨による。1反に１０羽を放鳥。親鳥が直に保温して生まれた雛鳥はたくましく、すぐ水に入れても生きていける。２０１８年からは合鴨に代えて真鴨を使用している。真鴨は気性も荒く人にはなかなか慣れないが、水のない所でも草を取り、また全体的にむらなく草を取るという。

Ｆ３（２０１０年）、Ｆ４（２０１１年）、Ｆ５（２０１２年）集団の栽植個体数はそれぞれ１００００～１２０００であった。Ｆ３およびＦ４は機械植え、Ｆ５は手による1本植で、この世代より選抜試験に入る。この選抜作業に加わったのは関さん夫妻、普及員の前原充崇さん、自然農法普及会のメンバーら合計7名であった。わたし以外選抜の経験はない。事前に説明は十分行い二人一組で選抜を試みることにした。9月上旬のことである。越後平野の山の彼方からはまだ白い夏雲が垂直に天空に立ち上がっていた。遠くの山々もすっきりと重なり合って広い越後平野の輪郭をかたどっている。初秋の風はさわやかであった。作業は日没まで続いたがようやく５００個体を選抜した。以降の世代は選抜した個体に由来する系統別に栽培し、系統間の比較による選抜を繰り返した。

２０１6年から１８年までの3年間は、最終的に選抜した１１系統について、適応性・生産力性検定試験を行った。なお、２０１５年以降は、２０１２年から１４年の３年間にわたり佐渡島（佐渡市）の北村源栄さん水田で選抜してきたコシヒカリ×ササニシキ（ＫＳ）交配後代の２３系統を、関さん圃場で栽培し選抜を続け９系統までに絞り、同様に適応性・生産力検定試験を行った。対照品種は、コシヒカリ、ササニシキ、タカナリである。その結果３系統、ＴＫ１９８、２１３、ＫＳ３７に絞り、２０１９年以降は機械植えの普通栽培試験を行い、主に収量と食味値の調査を行った。

２０２１年、最終的にそれら選抜系統の農業特性を確認し、新品種候補を決定するために、大仁農場から田渕浩康さん、鈴木智治さん、浜口一宏さんも当地を訪ねた。現地の人たちも加わり最終確認の調査という意識もあって全員大張り切りの作業となった。結局、ＴＫ２１３と佐渡で初期選抜を行ったＫＳ３７を新品種登録候補とした。９月１６日、越後平野の水田はほとんど収穫を終えていて、青空にトンボの姿もまばらであったが、いつの間にかわたしたちの作業する田上には無数のトンボが群れて飛んでいた。越後平野のすべてのトンボが結集してわれらの働きを祝福しているように見えた。

作業が終わり、春栄さんの手による育種試験米のおにぎりと郷土料理の昼食をみんなで頂いているとき、わたしたちの上空に再び無数のトンボの大群が現れてしばし群飛した後飛び去って往った。初秋の越後平野の片隅で出遭った不思議な、そして嬉しい光景であった。ちなみに、大群のトンボは、アキアカネではなく、やはり赤とんぼの一種、翅の先端に黒褐色帯をもつノシメトンボあるいはコノシメトンボのようであった。

「今は家族全員が健康である。自然農法の食べ物には愛があると感じている」関さんの一言である。

佐渡島にはかつて岡田茂吉の自然農法思想に共鳴して、自然農法を実施する人たちが多かったといわれる。しかし、その後、同島にも押し寄せることになった農薬、化学肥料依存の農業の波が、生息していた朱鷺を絶滅させる主要因となる。１９８１年、最後に生き残った5羽が捕獲されて人工飼育に移されることになるのである。幸い朱鷺は復活しつつあるが、朱鷺が自然棲息するためにはその餌となる蛙やドジョウをはじめとする多様な生き物が共存できる水田の存在が不可欠となる。２０１２年、朱鷺の復活を夢見、永く佐渡で自然農法に取り組んできた北野源栄さん（２０２０年、享年９０歳）の海を真下に見下ろす棚田で稲育種を開始することになった。朱鷺と共生する里山の農業が評価されて世界農業遺産に登録された翌年のことである。

北野さんは、藷除草開発者として注目されている。小学3年の頃、親が藷の皮や葉を庭に捨てる場所には草が生えないことを不思議に思っていた。また、その場所に植えた野菜が良く育つのも気になっていた。ある時、そのような光景が脳裏に浮かんできて、稲の除草対策として藷が有効ではないかと思い付いたとのことである。原則的には、山野の藷を採集し、煮詰めてその液体を薄めて散布するというものである。その成果は北野さんの水田を見れば納得できる。北野さん水田の育種は２０１２年、コシヒカリ×ササニシキ（ＫＳ）交配Ｆ６集団の約１００００個体からの個体選抜から始まった。２０１４年に２３（ＫＳ）系統まで選抜した段階で、北野さんが体調を崩されたため、翌年からは選抜系統を関さん圃場に移し選抜を継続することになったわけである。（２０２０年１・２月号、２０２２年一部加筆）

十．天、共に在り

７０．天、共に在り

中村哲医師が昨年（２０１９年）１２月４日に援助活動を続けるアフガニスタンで何者かに銃撃され帰らぬ人となった。日本の宝ともいえる存在の突如の喪失にわたしの心の空洞はなお埋まらないままである。中村医師は、１９８４年パキスタンに渡り、ペシャワールでアフガニスタン難民のハンセン病を主とした医療活動を展開した後、難民の帰還地アフガニスタンに活動拠点を移し、戦乱や環境破壊に困窮する人々の援助活動に生涯を捧げた。

わたしは、２００１年と２００６年の秋に中村医師の講演を静岡市で聴く機会があった。２００１年は米国での同時多発テロが発生した年である。当時のブッシュ大統領が勇ましく報復を宣言し、アフガニスタンに激しい空爆を仕掛けた年でもある。当時アフガニスタンでは空前絶後の大干ばつが生じて住民は極度の苦難に喘いでいた。「爆弾ではなく、食料を」と中村医師は訴える。旱魃の原因は、北部に聳えるヒンズークシ山脈の降雪量が減り、大地に流れ来る水の量が極端に減少したことによる。その山々の雪を減少させたのは誰か？　便利快適な生活を求めてやまない、地球温暖化を促進するいわゆる先進国の人間であることは言うに及ばない。

わたしの保存する資料の中に、１９９２年、まだ４５歳の若い中村哲医師を取材した朝日新聞記事『言いたい、聞きたい』の切り抜きがある。当時、編集委員であった義弟の川上義則さんが、パキスタンでアフガニスタン難民を対象に医療活動を行っていた中村医師に面会し聞き取りした記事である。当時の欧米を中心としたＮＧＯ（非政府組織）の難民援助は、難民の価値観や習慣を十分考慮せず、自分のプラン通りにコトを運ぼうとする業績主義に映る、と難民援助の見直しを求める発言をしている。

２０００年以降、本来難民の村であり農耕地であった砂漠化した土地（東部アフガニスタンの一角、ジャララバード）に井戸を掘り、用水路を建設して緑化し、穀倉地帯を復活させた。掘った井戸は１６００本、用水路は３００km以上に及び、１６，５００haの農耕地を生み出し、それは６０数万人の農民の生活を保障するものである。工事は帰還した難民をはじめ現地住民を雇って行ったものである。大河から水を引き入れる用水路の建設は、江戸時代の伝統的工法によって行われている。それならば、事が起こっても地元住民自らの手で修復することができる。中村医師を支援するペシャワール会（平和医療団・日本）が、この灌漑事業のために集めた募金は３０億円に上ることも忘れてはいけない。

中村医師は、ミッションスクールの西南学院中学（福岡市）３年の時に、内村鑑三の著書に啓発を受けて洗礼を受ける。この時、医師は「将来自分は日本のために身命を捧げる」と誓った。２０１６年発行の医師の自叙伝ともいうべき著書『天、共に在り』にこのように書いている。さらに、医師が生きる指針ともしてきた聖書の神髄は「天、共に在る」にあると言う。イスラム教のモスクや神学校を建設したとき、現地の人たちは用水路ができた時以上に喜んだ、との中村医師の述懐はむしろ衝撃的ですらある。わたしたち文明社会が遥か過去のかなたに置き忘れてきた霊性の豊かさを突き付けられたからであろうか。天と共に生き切った中村医師の働きはこれからなお大きな光を発すると信じ祈っている。（２０２０年３・４月号）

７１．国際家族農業年

国連は２０１４年を「国際家族農業年」と制定した。家族農業や小規模農業（小農）が、持続可能な食料生産の基盤として世界の食料安全保障と貧困撲滅に大きな役割を果たすことを世界に周知させるためである。この制定の報道に多くの日本人は何か違和感を覚えたのではないだろうか。大規模機械化農業や企業農業という日本の農業政策にかかわるキーワードがわたしたち日本人の頭に刷り込まれていると思っているのはわたしの思い過ごしであろうか。テレビを含めたマスメディアはこぞって大規模農業や企業農業の成功例をにぎにぎしく報道する現状もある。国連は、さらに、２０１９年から２０２８年までを「家族農業の１０年」とすることを、２０１７年の国連総会で決議している。日本、アメリカ、ヨーロッパのいずれも家族農業は農業経営全体の９８パーセントを占めている。世界の食料の８割以上が家族農業によって生産されているのである。

わたしは変わらず、日本各地の農家とともに稲の育種の仕事を続けている。昨年秋、栃木県大田原市の黒羽営農研究会の農家の人たちとお茶を飲んでいたとき農業後継者の問題を話題にした。そのとき、すかさずある研究会員から「それは後継者の問題ではなく、農業問題ではないか」と指摘された。わたしはその言葉に衝撃を受け、そして納得した。確かに、「農業後継者がいない」は、金科玉条のようにわたしたちの口に上る逃げ口上ではないか。だから、企業農業しか方法がない、というわけである。家族農業者がおおむね厳しい立場に立たされていることは事実である。世界に目を向けても、依然8億人以上が飢餓に苦しみ、極端な貧困層の８割が農村で細々と農業で生計を支えている。

折から、新型コロナウイルス感染の蔓延で日本も世界も恐慌状態である。自然が人間へ逆襲している感が強い。自然の逆襲はほかにもいろいろなところで生じている。オーストラリアの森林大火災はとどまるところを知らず、同国の人たちは、「国が燃えている」と恐怖を隠さない。南極や北極の氷の溶解・崩落は明らかな海面上昇をもたらす危機的状況である。過去に経験のない巨大台風や大洪水はもはや日本人にも日常茶飯事の災害となっている。これらの惨禍は人間が加担する地球温暖化による気候変動が原因であることは科学的に証明されている。しかし、人間の欲望は膨張するばかりである。国連が制定する「国際家族農業年」は自然に対する人間の和解の第一歩のようにわたしは感じている。国や各地域の伝統的な技術や多様な生物材料を生かし、人々が互いに助け合いながら、自然に寄り添う農業を世界的に実現する。

２０１９年５月、ローマにあるＦＡＯ（国連食糧農業機関）の本部で「家族農業１０年」の記念式典が開催され、今後１０年のアクションプランが策定されたと聞いている。８０年にわたり営々と実践されてきた自然農法の技術と思想は最もよくこの実現に貢献できるはずである。３月９日付のとある週刊誌が「実は、『農薬大国』ニッポン」のテーマで、日本の作物の農薬汚染についてセンセーショナルに報じていた。そのようなことは公表されている内外の農業データを見れば明らかなことだ。近代農業の模範国を演ずる日本の中で、忍耐し磨かれ育まれてきた自然農法は今新しい世界づくりへの絶好の出番である。（２０２０年５・６月号）

７２．赤とんぼの郷

『夕焼け、小焼けのあかとんぼ　負われて見たのは　いつの日か』誰もが口ずさんだことのある童謡「赤とんぼ」は、あの「故郷」と並んで、日本国民に最も愛され口ずさまれた音楽であろう。この３月２日、作詞家、三木露風の故郷、兵庫県たつの市に在住し、赤とんぼの復活を目指して、アキアカネの人工飼育に取り組む『たつの赤トンボを増やそう会』理事長の前田清悟氏より招待を受け講演する機会が与えられた。『トンボ飛ぶ田んぼからの音信』（本紙６８）をたまたま目にしたのがきっかけであったらしい。新型コロナウイルス感染に対応して、各種イベントの中止や外出自粛の機運が高まる頃であった。

その前日、小雨の中、飼育試験の現場やアキアカネ飛来の観察の場でもある減農薬稲作水田に加えて、たつの市街地などを案内していただいた。飼育の現場は、人口羽化の小さな実験設備から羽化個体を自然生態系に戻す環境が良く工夫して整えられていた。田んぼのところどころに水たまりがあるような状態をトンボは好むことも教わった。羽化率はこのところ毎年高くなりつつあると語る前田氏の表情は生き生きとしていた。減農薬稲作水田の現場では毎年子供たちのために、飛来するアキアカネの観察会を行っている。赤とんぼを追いかける子供たちの歓声が聞こえてくるような気がして春先の水田の風景を眺めたものである。前田氏は、減農薬稲作の一環として、ネオニコチノイド系の農薬を、従来のパダン系農薬に変更して使用することを推奨している。パダン系の農薬は明らかにネオニコチノイド系に比べてアキアカネへの影響が少ないことが科学的に証明されているのである。

たつの市の街並みは、全体が昔ながらのたたずまいで統一され、路地の一角に立つと、少年の日に戻ったような懐かしさに包まれた。わたしの知る限り、このような街はほかには見当たらない。赤とんぼにふさわしい街である。三木露風の生家を訪ねて、露風が敬虔なクリスチャンで、童謡にとどまらず、多くの格調高い文学作品を完成させていることを知った。「赤とんぼ」の作曲家、山田耕作もまたクリスチャンであった。「赤とんぼ」は文部省唱歌に反発して起こった童謡創作運動の一環として生まれた経緯がある。それに対して、「故郷」は、文部省唱歌としてつくられ、最近まで作詞、作曲者名が不詳（極秘）とされてきた事実がある。このようなエピソードは別にしても、「赤とんぼ」、「故郷」ともに作曲者はクリスチャンであったことに注目してよい。両者ともに精神性の高い響きを持っていないだろうか。

講演会は、手洗い、マスク着用を義務として、５０名ほどの市民が参加して行われた。テーマは『とんぼ舞う農の時代へ──自然農法水田で育まれた新しいお米の品種──』であった。減農薬という農民にとって現実的な稲作技術を進めている現地の状況から、「自然農法」という発想がどれほど理解されるのか、少し気にかかりながらの講演となった。幸い、それは杞憂に終わった。わたしの講演は、赤とんぼの郷の人々に受け入れられたという印象が強い。今は、たつの市の市街地や里山にアキアカネが群れて飛翔する日を、日本全国に秋津（とんぼ）の国が復活する日を願うばかりである。（２０２０年７・８月号）

７３．コロナ禍後の時代

新型コロナウイルス感染者は、東京において、緊急事態宣言解除後再び増え始め7月１０日には２４３名と過去最高を記録した。折から、熊本県球磨川流域一帯が前代未聞の豪雨に襲われ大洪水や土砂災害の甚大な被害を被って、なお豪雨の被害は、九州全土から中国、四国、東海を経て関東地方にまで及んでいる。不安に覆われる社会情勢の中、伊豆の山間に在る大仁農場では、稲の育種試験で選抜された新品種「くまみのり」や新品種候補の稲が青々と勢いよく生育している。最高分げつ期といわれる茎数が最高に達する時期である。全国各地の農家や大仁農場の圃場で最終的に選抜された系統がいずれも田植機で広い面積に植えられている。稲の出来栄えも上々である。

コロナ禍も気候変動もその生じてくる根子《ねっこ》は同じであると考えている。それは、限りない人間の欲望によって暴発する経済最優先の社会構造にあるだろう。現状を打破するには、人が人や自然と共に生きる倫理観が根づく全く新たな社会経済体制をこの世界に確立することが必須である。しかし、現実的にはその実現は不可能であるとの絶望感に襲われる。このところ、コロナ禍後の社会のありようがよく取りざたされるが、なお、右肩上がりの経済成長の幻想から脱却できない様相がある。諸々の政策にしてもその通りである。

コロナ禍のなか、最も気になる問題の一つは日本の食糧自給率の極端な低さである。日本の食糧自給率はカロリーベースで３７％（２０１８年）である。穀物自給率は、過去何年もの間２０％台を推移している。食糧自給率は、今後カロリーベースと生産額自給率で評価するようであるが、後者は農産物の生産額（価格）で計算する。この場合は、茶、果実、野菜も評価対象になる。さらに、輸入農産物の価格は低い故、自給率は７０％に届くほどになる。本来食糧自給率は、基本的に生命を維持するカロリーベースか穀物の自給率で評価するのが妥当であろう。さて、新型コロナウイルスの世界的蔓延によって、食糧輸出国はいずれも輸出規制に動き始めている。わたしが幼い日に見た学校のグラウンドが芋畑に化ける光景が再び眼前に現れても決して不思議ではない社会にわたしたちは立っているのである。

食べ物が安全か？　食べ物が私達の身体に生きる力を与える本来の機能を持っているか？　そのこともコロナ禍の今だからこそ問われることである。生産額自給率を重視する背景には高収益作物に特化した農業を目指す思惑が見え隠れしないか。いったん非常事態が生じたら高級メロンやサクランボでいのちをつなぐことはできない。また、世界を席巻する多国籍企業の遺伝子組み換え作物にわたしたちの身体を預けることもできない。

大仁農場で広く青々と茂る自然農法に適応する新品種や新品種候補の稲は、深い闇にともる小さな希望の灯のようにわたしには思われる。食糧自給率は日本人がもっと米を食べれば上がるのである。コシヒカリの登場以来極良食味の米を目指した稲育種が変わらず続けられているが、米の消費量は減り続けているという矛盾がある。しかも、米によるアレルギー疾患は増えている。新品種「くまみのり」は今回豪雨の甚大な被害を受けた球磨川流域で生まれたものである。粘り気の少ない食感で多く食べることができる。さらに、その米を食べて、アレルギー症が軽減した、あるいは快癒したという声も聞こえてくる。（２０２０年９・１０月号）

７４．因幡《いなば》の国から

公益財団法人『農業・環境・健康研究所』に所属する八坂農場は、鳥取市八坂地区の水田地帯に位置している。その地域は、神話、「因幡《いなば》の白兎」の郷として知られている。因幡《いなば》は古事記には、稲羽と記され、当地は古《いにしえ》から稲には深いかかわりがあったようである。日本有数の弥生時代の妻木晩田（むきばんだ）遺跡もある。日本人の心をとらえてはなさない唱歌「故郷」の作曲家、岡野貞一の生家も車ですぐ行けるところにある。山あり、川ありの日本人にとっての懐かしい故郷の風情がそこにはある。

八坂農場の稲作は、永く農場担当の普及員、中野喜美さんが完全無肥料にこだわって維持してきた特徴がある。自然農法の稲作においては、収穫後の稲藁は細かく刻んで水田に戻すことを慣行としているが、中野さんは稲藁も、もちろん雑草もすべて田から持ち出して稲作を続けてきた。自然農法創始者の岡田茂吉は、稲藁も持ち出す完全無肥料の稲作が自然農法の理想の姿であると説いていた。中野さんは定年後の現在も一農家として5反ほどの水田で理想の自然農法稲作の道を追求している。

当圃場での播種は5月2日頃、田植えは6月2日頃、栽植密度は30×15㎝のやや密植である。除草は、コートブラシ(*)(田植え後3回)、歩行用ミニエース2条を(2回)チェーン除草、機械除草(2回)(平木ひとみ氏創案・溝切畝立て除草(**)、手取り(6月下旬~7月)によるものである。

当農場での育種目標は、完全無肥料条件において多収性・良品質を示す品種の育成である。2008年に、コシヒカリと短稈・多茎の在来種J235の交配第3世代、F3集団(KJF3と記す)の約10000個体を当農場で栽培し、そのまま集団で世代を重ね、2011年のKJF6集団(約10000個体栽培)において初めて個体選抜を行った。選抜試験はいつも秋分のころになり、田の畦には赤い彼岸花がいっぱいに咲き乱れていることが多い。中野さんをはじめ地域の普及会の人も選抜作業に加わり、作業が終わるころは夕日が山の彼方に沈んで、中天に月が光っていることもあった。

2013年は当地が集中豪雨に襲われた忘れられない選抜試験の年であった。姫路より鳥取に向かう車窓よりは、いずこの川も濁流であふれ、多く田畑が水没している光景を目の当たりにした。翌朝は広島から駆けつけてくれた普及員の細川正明さん、緒方善丸さんと３人で激しい雨の中の作業となった。夕方、豪雨の影響で姫路行きの電車は動かず、広島に戻る細川さんの車に同乗して、山間の千代川に沿って知頭街道を登り、国道５３号線に入り岡山まで送ってもらうことになった。決壊寸前の千代川は茶色に濁り龍が暴れるように荒れ狂い、いつ車ごと飲み込まれるかわからない恐怖におびえながらの帰路となった。

ＫＪＦ６集団（２０１１年）から選抜した個体に由来する系統の選抜と選抜系統内の個体の選抜を繰り返し、２０１４年から１６年の３年間、最終的に選抜した１０系統について、適応性・生産力検定試験を行った。そのＫＪ系統の中には、途中まで静岡県御殿場市の勝亦健司さんの圃場で選抜してきた系統（ＫＪＧＴと表す）も含まれる。選抜系統のいずれも収量および食味値について親品種のコシヒカリおよびＪ２３５のそれらより明らかに高い傾向がみられた。種々検討の結果、これらの系統の中で、品種登録の候補として、ＫＪ８１とＫＪＧＴ６８の2系統を選ぶことになった。

２０１６年には、中野さんに代わって当農場の担当普及員になった清水裕史さんが主導して、地域の消費者や生産者１０名ほどによって、これら2系統の試食による食味の評価を行った。その結果、ＫＪ８１の評価がより高く、２０１７年、当系統を一般農家に試作してもらい、次のような収量を得ている。

上田経佳さん圃場（米糠、稲わら投入）：１２俵／反、石田恒雄さん圃場（山間の棚田、落ち葉、枯草投入）：3俵／反、中野喜美さん圃場（完全無肥料）：6俵／反。現在、ＫＪ81を『いなばひめ（因幡姫）』の品種名を付して品種登録の手続きを進めている。品種名は、白兎を助けた大国主命《おおくにぬしのみこと》と因幡の国の美しい姫、八上比売《やかみひめ》の恋物語にちなんで付けたものである。（2020年11・12月号）

＊コートブラシ：テニスコートを均すコートブラシを田植え後数日より田表面を均すように移動させて出芽初めの草を除く。

＊＊溝切り畝立て除草：溝切り機に条間3条を一度に土寄せできる附属部品を取り付けた、新しいタイプの除草機で、雑草を押し倒しながら土寄せし覆い隠す方法。

十一・いのちと自然と食べ物

７５．いのちと自然と食べ物

２０２１年の新年は、日本も、アメリカやヨーロッパ並みにコロナウイルス感染が爆発的に蔓延する予兆に怯えて迎えることになった。コロナ後の生活のありようが話題に上がったりしているが、いずれにせよ、人々の意識と生活の形を、自然（の摂理）に寄り添うように抜本的に変えない限り、人類が生き延びる術はないと思っている。今回のコロナ禍が、人間が欲望を追うあまり自然をないがしろにしてきた結果であることに疑いはない。近年、世界を襲う極端な気候変動や日本あちこちの街中に熊が出没する話さえも原因は一つである。

コロナ感染の原因のひとつがブッシュミート摂取によるという説がある。ブッシュミートとは野の動物の肉とでも訳せばよいだろうか。原生林や熱帯雨林の奥深くウイルスなどと共進化しながら棲むコウモリ、フクロウ、トカゲなどの動物を想像すればよい。森林に奥深くまで道を通し、コーヒーなどのプランテーションを造成して森林を破壊する過程で、人がブッシュミートを食べ、それら動物と共生していたウイルスが人に侵入するようになったというのである。人が金儲けのために深い森に分け入り種々の動物を密猟することもまた同じ結果をもたらす。

また、こんな話もある。男性のＹ性染色体が退化している事実がＮＨＫの番組で報道されている。その原因は不明であるという。人は４６本の染色体のうち、女性はＸＸ、男性はＸＹの性染色体をもつ。Ｙ染色体が消滅すれば男性は存在しえないというのが自然の理であろう。そうすればもちろん人類は滅亡する。つい最近視聴したＮＨＫのテレビ番組では、北海道大学のある教授が、Ｙ染色体が消滅しても男性は存続できる旨の理論を学術的に話していた。わたしはその話を正確に理解し得たわけではない。しかし、Ｙ染色体が消滅すればやはり男性は姿を消していくだろう。そして、その退化の原因は自然環境の破壊にあるだろうと思っているのである。

１９６２年、アメリカの女性研究者、レイチェル・カーソンは『沈黙の春（SILENT SPRING）』を著して、ＤＤＴなどの農薬を使用し続ければ、春になっても鳥が鳴かない時代が来ると、農薬害を初めて世界に警告した。それから３０年ばかり後にやはりアメリカの女性研究者、シーア・コルボーンらは『奪われし未来（OUR STOLEN FUTURE）』を世に出し、ＤＤＴなど一連の合成化学物質が性発達障害や生殖異常と密接に関連することを膨大な科学データを示しながら実証した。世界の成年男子の精子数がかつての男性の半分以下になっているというのもその一つである。

「自然の摂理に沿い、土本来の力を生かす」これは自然農法提唱者、岡田茂吉の自然農法の定義である。ここで、わたしは、「摂理」の言葉には神の意志、すなわち人間に本来与えられた自然を守るべき倫理観の意が込められていると思っている。また、「土」はＥＡＲＴＨ・地球のことである。人間が欲に駆られて、本来あるべき倫理観を喪失し、地球を荒廃に追い込んでいるのが現在の世界の姿である。しかし、わたしたちが最も注視しなければいけないのは、いのち乱された人間そのものの姿である。地球の荒廃はそこで生産される食べ物によって最終的に人間に至る。とまれ、自然農法の理に還るところにひとつの希望がある。（２０２１年３・４月号）

７６．東日本大震災から１０年

東日本大震災から１０年目の３．１１の日をむかえている。柳も芽を吹き出し色づきはじめている。わたしは、あの時、静岡駅前のとあるホテルのロビーで友人とコーヒーを飲んでいた。突然長く止まない大きな揺れに襲われ恐怖にかられて外に出たとき、目に飛び込んできたのが柳の並木の淡い緑であった。その時、啄木の短歌「やはらかに柳あおめる北上の岸辺目にみゆ泣けとごとくに」がわたしの心をよぎった。柳の芽吹きは、それ以来、わたしの東日本大震災の悲しみの心象風景となったのである。岩手県陸前高田市海岸の奇跡の一本松の傍らに、啄木の３度目の歌碑が立つとのことである。３．１１の津波を含めて啄木の歌碑は過去２度津波で流されている。そこに刻まれる歌は、「頬につたふなみだのごわずー握の砂を示しし人を忘れず」であるという。

１０年という歳月が過ぎて、わたしたちは津波に流されていった多くの人たちのことをすっかり忘れているのではないか。１０年目の３．１１が近づき、マスメディアはこぞって大地震・大津波の惨禍を報じている。テレビでは巨大津波が街を飲み込み、船、車を木の葉のように流し去り、家々を粉々に押しつぶして内陸へと迫ってくる情景を繰り返し放映している。時にその映像からは人々の絶望的に叫ぶ声が聞こえてくる。その瞬間わたしたちの心は押しつぶされ、ようやくあの日に立ち返り記憶を取り戻す。しかし、深刻な情景の合間には、ふざけてはしゃぐコマーシャル映像が度々映し出される。
３．１１を経験してわたしたちは「日常の普通の暮らし」の大切さを知ったはずであった。「本当に大切なものは何なのか」を思い知らされたはずである。そして、社会は人や自然と共生して生きる方向へ向かっていくだろうと期待された。しかし、この１０年間、社会が変わることはなかった。例えば、人間の生存に最も必要な食糧の日本の自給率はカロリーベースで３９％から３７％に減少している。生産額自給率でも７０％から６６％に減少し、最近食糧自給率の計算から外されている穀物自給率は、２６％（２００９年）から現在まで特に変わりはないであろう。ちなみに穀物自給率は西欧先進諸国では軒並み１００％を超えている（イタリアは７０％ほど）。日本の単位面積当たりの農薬使用量は、変わらず韓国と並び世界のトップクラスである（１２．１～１３．１kg／ha）（農水省、２０１７年）。しかも、この１０年間で、農薬使用量の規制緩和まで行われている。以上は、日本社会の変わらず経済至上主義から軌道修正できないほんの一例を挙げたに過ぎない。

新型コロナウイルス感染の世界的蔓延は、この社会を変えるためのひとつの天の配剤かもしれない。わたしたちは、このウイルスを絶滅し元の社会に戻ることを願っているが、共に生き地球を守る倫理観を共有しながら、社会のありようを変えない限り、繰り返し新たな脅威が人類を襲ってくるだろう。幸い、この１０年間で変わった身近な例を挙げるならば、わたしたちが地道に取り組んできた稲の育種において、各地域から多くの新品種あるいは新品種候補が生まれてきたことである。これらの品種が新しい日本の社会の創造にすこしなりとも貢献することができればと願うばかりである。（２０２１年５・６月号）

７７．ヒマワリに声をかける

長崎県の雲仙・普賢岳が２００年ぶりに噴火し、その火砕流によって麓の島原市住民の多くが犠牲になった惨禍はなお記憶に新しい。その直後の１９９１年７月初旬、普賢岳から５０㎞ばかり離れた諫早農業高校で開催された長崎県農業高校教員の研修会で講演する機会が得られた。当研修会の事務局長を務めていた大学時代の教え子でありまたわたしの自然農法研究に興味を示していた当時諫早農業高校教員の田坂吉文さんの発案により招聘を受けたものである。田坂さんは、たまたま昨年4月より大仁農場内の農業大学校（公益法人『農業・環境・健康研究所』所属）校長として勤務しており、わたしとは同じ職場で働いているという今も良きご縁は続いている。

さて、その研修会の中で、いまだにわたしの心をときめかすような興味ある話を聴いた。とある小学校で、生徒たちを二つのグループに分け、一方のグループには日々良い言葉をかけ、別のグループには言葉をかけずに、ヒマワリを栽培させる試みを行ったというのである。その結果、「今日も頑張っているね！」、「ありがとう！」などとの言葉かけを行ったほうのヒマワリは、より元気に大きく美しい花を咲かせたという。研修会の翌日だったか、火砕流の現場なども含めて地域の何か所かを車で案内していただいた折、当の小学校まで足を延ばし、担当の先生にお会いして直に話を聴くことができた。そのときの先生の「言葉かけを行ったグループでは、ヒマワリばかりではなく、ヒマワリを育てた生徒たち自身がとても元気になった」という言葉がとくに印象深く心に残っている。

折から、日本は、そして世界も、コロナ禍のみならず近年常態化している気候変動による天災や環境破壊の脅威にさらされている。たとえコロナ禍を克服したとしても、ここ10年ばかりで抜本的に人や社会のありようを変革しない限り環境破壊による人類への惨禍は避けがたいと予測されている。かつて、農薬害を世界に警告したレイチェル・カーソンは「人間が自然と和解するとき、人間の魂は再び輝きはじめるだろう」という言葉を残したが、自然と人間の関係性を取り戻す鍵が上に述べた逸話にあるように思っている。そこには、ヒマワリを人と同じように感じ、尊敬し向き合うまさに共生の倫理観が息づいている。

かつて、アメリカ原住民は野にある植物を食べものとして採取するとき、植物たちに声をかけ収穫の許しを求め、必要以上のものは決して採らず、感謝の祈りとお返しの贈り物を差し出したという（ロビン・ウォール・キマラー、『植物と叡智の守り人―ネイティブアメリカンの植物学者が語る科学・癒し・伝承』、三木直子訳、２０１８）。わたしが稲の育種で共に働く自然農法農家にも稲や田んぼに感謝の声をかける人が幾人もいる。自然農法が農薬や化学肥料を使用しない、あるいは土の腐植度を高めるといった単なる生態学的技術を越えて、人が栽培する稲や植物個々とのまたは土との精神的関係を結ぶ境地は、アメリカ原住民の自然へのかかわり方と共鳴する。そのようにして、人は自然から輝く魂、いや大いなる元気という贈り物が与えられるのではないだろうか。（２０２１年７・８月号）

７８．桃太郎伝説の郷から―農家とともに種をつくる夢の始まり

農家の人たちとともに稲の品種改良を行いたいという夢が、岡山県矢掛町《やかげちょう》の農家、横畑光師さん（１９４２年生まれ）との共同試験によってかなえられることになった。大仁農場に赴任して３年目の２００７年のことである。横畑さんのお宅および自然農法水田は、東西に長く伸びる吉備高原のほぼ西の端に位置する中山（３８５ｍ）の山麓に広がる水田地帯の一角にある。その入り口には室町時代に作られたという水を満々と湛えた広い堤がある。片隅には水を守る神の祠が建てられている。それは、この地が古より水を崇め、水田を守る営みが永く続けられてきた証でもあるだろう。「三粒の種があれば、一粒は神にささげる、二粒目は翌年の種にする、三粒目は人間が食べる」このような言葉も地域に言い伝えられている。

横畑さんは、岡田茂吉の思想に共鳴して自然農法の世界に飛び込んだ父親の影響を受けて、自然農法とかかわるようになった。昭和３３年（１９５８年）頃のこと、かたくなに自然農法を守る父親の悪口を学校の先生から聞かされて心痛めた記憶がよみがえる。当時は、鍬で深く耕し土を反転させる「天地返し」という作業を行った。これは相当の重労働であった。時には、ろうそくを灯して夜遅くまで働いた。なぜこんなにしてまで自然農法を行うのかと恨みにも思ったが、その効果は後になって現れてくる

ことになる。今は自然農法のおかげで、家族一同元気に生活している。

ひたすら農薬、化学肥料に頼り米の生産を上げてきた時代の波に逆らって自然農法を守り続けてきた横畑さんには筋金入りの百姓魂がある。世情を良く見聴きし的確に判断しながら、自然農法で培ってきた農業技術や知識を地域の農家に分け与える努力をいとわない。「早生品種は土用を過ぎると味が悪くなる．それに対して、晩生の朝日（旭）やアケボノ（*）は保存中味が変わらず、高温障害も起こらない」。早生品種栽培に流される農家事情にも警鐘を鳴らす。育種家こそ耳を傾けなければならない言葉であろう。

育種目標は西南暖地に適応する多収・良食味品種の育成である。西日本を代表する在来種「旭」と奈良県で育成された耐倒伏性で低栄養条件に適するという「トヨサト」を交配した雑種集団を育種材料とした。旭は当地域の風土によく適応し、同じ血統の「朝日」は今も栽培されている。しかし、脱粒性という欠陥があり機械を使用する近代農業には不向きである。

横畑さんの作業歴について、播種は5月10日頃、田植えは6月中旬、収穫は10月中旬である。栽植密度は30×15~24㎝。肥料として、稲わらは全量還元（12月いっぱいに行う）し、米糠ペレット70㎏／反、油粕ペレット10㎏／反を投入する。除草は、チェーン除草（ホタルイ、ヒエ、ナギ）、手押し除草機（田車）、「あいがもん」（草刈り機）（1回使用）および手取りで行う。土壌は砂質壌土。

２００７年から１１年まで、雑種集団のまま栽培し、１１年秋、Ｆ５（雑種第5代）集団において個体選抜を開始した。横畑さんをはじめ、大仁農場の大下穣さん（当時）や応援に駆けつけてくれた中国地方の普及員など総勢１１名が作業に加わった。両親（交配親）の長稈や晩生などの特性が互いに似ているので雑種個体間の差も少なく選抜は難儀であった。より一層目を凝らして、宝探しのように一つひとつの稲を見て歩かなければならない。早朝から始めて、作業が終わったのはようやく山の端に日が沈むころであった。５００個体ばかりを選抜することができた。

それ以降、選抜個体を系統として栽培し、系統間の比較を行いながら、選抜試験を繰り返して、２０２０年にようやく新品種候補となる１系統を選ぶことになった。品種名は、瀬戸内海沿岸地域の一角から生まれた稲が美しく元気に人々の健康を支えるようにとの願いを込め、『せとうらら（瀬戸麗）』と決め、新品種登録の手続きに入っている。

実は、当初、他の交配組み合わせを材料にした育種を主に行い、年月をかけた最終段階で断念した経緯がある。選抜系統の稈が長く硬すぎて収穫のコンバイン使用に支障が生じたのである。そのような失敗を乗り越えての新品種誕生であった。

育種年月の間、横畑さんの水田を囲む風景が急速に変化していく状況を目撃することとなった。青い苗の段階で刈り取られていく、飼料用稲の水田が増え、さらに、１．５町はあるかと思われる水田にコンクリートが張られ、カット野菜工場と化したのである。カット野菜の屑を燃やす煙の悪臭に近辺の農家は悩まされるようになっている。それは、稲づくりを古から真摯に守り続けてきた人々の願いを拒み、迫りくるだろう食糧難の現実に目を閉ざす行為というほかはない。（２０２１年９・１０月号）

＊アケボノ：農林１２号×朝日の交配から生まれた岡山県南部で多く栽培されている多収、良食味の品種

７９．チンパンジー研究者ジェーン・グドール博士の夢

ジェーン・グドールさんは、英国生まれ（１９３４年）のチンパンジー研究で世界に知られる女性研究者である。彼女は、１９６０年、２６歳の時、東アフリカ・タンガニイカ湖畔、ゴンベに降り立ち、チンパンジーの研究を開始した。彼女は科学者としての基礎訓練は受けていなかったが、たまたま霊長類学の泰斗ルイス・リーキー博士に見出されて研究の道に進むことになった経緯がある。彼女は単身で護身用の銃などは一切身につけず、猛獣がはびこる密林の奥深く分け入り、用心深い野生のチンパンジーが彼女に近づいてくるのを忍耐強く待つことから研究を始めた。

ついに、彼女はチンパンジーの心をとらえ、彼らと接触することができるようになった。チンパンジ

ーたちと友人になることができたといえる。先ず、彼女は友人となったチンパンジーのそれぞれに名前をつけた。ある時、友人の一人（匹）、白ひげのディビットが彼女に近づいたまま、蟻塚に木の葉を差し込み、白アリを釣り上げて食べる姿を見せた。また、別の機会に、ディビットは木の小枝から葉をむしり取り、蟻塚に差し込む道具を自ら作ることを彼女の目前で行った。このようにして、彼女は研究の早い段階に、チンパンジー（動物）が道具を造りそして使うという歴史上の大発見をして世界を驚かせることになったのである。

しかし、その発見当初は、学会からは疑いの目で見られ、厳しい批判が浴びせられたという。知り合った（彼女に近づいてきた）個々のチンパンジーに名前を付けるなどの行為が科学的な客観性を欠く、というのがその主な理由である。科学研究においては、一般的に、研究対象に対して客観性を保つべきことは常識とされる。しかし、彼女は研究対象であるチンパンジーと関係性を持つことによって、世紀の大発見ができたといえる。

わたしは、大学定年後大仁農場に赴任して、一介の研究者から実際に稲品種を作る育種家に転身して、研究と育種の間には大きな隔たりがあることを実感した。無数の交配による変異体・稲の中から瞬時に稲が持つ特性を見定めることができる育種家固有の感性が求められる。それは、グドールさんの手法のように、稲と関係性を持つ、あるいは稲の側に立つ、さらに言えば、稲と友人になるということである。

歴史に名を留める育種家のように作物と話ができる境地にはなお遠いが、その境地に至ることがわたしの夢である。

さて、グドールさんに話を戻す。彼女は、１９７７年「ジェーン・グドール研究所」を設立して、活動拠点をゴンベの森から全世界に移す。野生チンパンジーの違法捕獲による激減や現地の環境破壊に直面し、動物愛護や自然保護を世界に訴えるためである。人類が全体的に霊性を高めながら、地上に生息するあらゆる動物・植物または自然と共生し、地球を復活させることを彼女は願う。また食べものを自然の摂理に沿ってつくり、正しく食べることも活動の核に据えている。わたしたちが、動物や植物や自然、そして食べ物の側に立つ、すなわち彼らと親しい友達になること、それが今わたしたちに求められることではないか。

わたしは、一度、グドールさんと会いお話しする機会があった。美しく、たおやかな、そして霊性にあふれた人柄に接し、母の大いなる愛に包まれた感じがしたことを思い起こす。（２０２１年１１・１２月号）

８０．ブナガヤの村から稲の復活をねがう
―大宜見農場における稲の育種

２００９年3月１５日、大宜見《おおぎみ》農場で稲の育種を始めるため、初めて沖縄の那覇空港に降り立った。気温は２１℃、青空であった。本島南端に位置する空港から高速バスで北上して本島中南部の名護市に向かう。まず、広大なアメリカ軍基地の横を通り、赤や黄色の原色そのままに染まるハイビスカス、ブーゲンビリアの花々やこんもりとした森、青い海原の風景に心躍らせながら2時間ほどで名護市バスターミナルに着く。基地問題で揺れている名護の辺野古沖はサンゴ礁と豊かな漁場として、また、絶滅危惧種ジュゴンの生息北限の場として知られている。

さて、当農場は、沖縄の長寿村として知られ、ブナガヤの村すなわち木の妖精の村とも呼ばれる大宜味村に所在する。妖精に守られた明るく深い森林とともに、総面積６．２ヘクタールの耕地を擁する農場は在る。１９９６年の開設以来、ゴーヤなどの夏野菜やマンゴー、パパイヤなど熱帯果樹の自然農法栽培に挑戦してきた。その土壌は、沖縄本島中北部に広く分布する国頭マージと呼ばれるpHが４～５の塩基が溶脱された赤～黄色の酸性土壌で、腐食や養分に乏しく有機物含量が少ない。また、下層土が硬く根、水、空気の侵入が困難で透水性が悪く湿害を起こしやすい。

農場開設当時から牛糞堆肥投入やソルゴーやエンバク栽培による緑肥の利用によって土壌の腐植性を高める最大の努力を払ってきたという。また、農作物に被害を与える理由で行政が指導してマングース（ネズミの天敵）を防除して以来、ネズミ害が著しく増える結果となって、農場においてもネズミ害に苦慮している。

沖縄で何故稲なのか？　稲は当地基幹作物生産額の1％にも満たない。実は、沖縄稲作の歴史は古く何百年前の琉球王朝時代に遡る。さらに、遠い昔、日本民族の先祖たちは稲を携えて遥か南方の地から海上の道を北上し琉球列島を経て日本に渡来した説はよく知られている（柳田国男、『海上の道』）。沖縄に稲を復活させたい思いは強いのである。

訪ねた当日は、早速、農場職員、安慶名克己さん、具志章一郎さん、宮里正二さんの指導の下に、近隣の小中学生、高校生や大学生など17名ほどの参加を得ての田植えとなった。コシヒカリ×ササニシキの交配組み合わせ（KSと表示する）F3（雑種第3代）集団の約2．7万個体、タカナリ×ヒタチハタモチ（陸稲糯）（TH）のF3集団約1．2万個体、ユメノハタモチ（陸稲糯）×タカナリ（YT）F3集団の約3万個体を6a（0．6反）ほどの圃場に植えた。若者みんなが顔を輝かせて楽しみながらの田植えである。田んぼに座り込み全身水や土にまみれて植える女性徒たちの姿もあった。空は晴れて光は強い。しかし、風は爽やかであった。当農場の1期作は2月中旬から7月下旬、2期作は8月下旬から12上旬である。稲わらの還元もしない完全無肥料栽培である。

翌日は、大宜味村に隣接している名護市の大田京子さんの水田5aにタカナリ（T）×コガネモチ（kG）（水稲糯品種）F3集団の約一万個体の田植えを行った。大田さんの水田は、名護市と今帰仁村にまたがる羽地《はねじ》地区の丘陵地に広がる、沖縄本土では数少ない水田地帯の一角にある。大田さんは、地域の食育の指導者として活躍する。子供のアトピーを改善したいと願い、自然農法の野菜作りと同時に稲作を始めたという。なお、大田さんの夫・大田朝憲氏（故）は、琉球在来のアグー黒豚の復活・開発者である。

以上、4つの交配組み合わせによって、ササニシキの米品質を持ちコシヒカリのような広域に適応できる品種、多収性の糯《もち》品種および水陸両方に適応する品種の育成を目指した。選抜の方法は他地域と同じである。何年にもわたり、第1と第2の両作期において、文字通り暑さ、寒さ、そして雨にも風にも負けず選抜を繰り返して、3つの交配組み合わせから、それぞれ新品種候補となる1系統を選抜するに至っている。系統TKG3、TH4、YT13である。これらの系統を品種登録するためにはなお品種決定試験の段階を経なければならない。交配組み合わせKSからは9系統が選抜され、2020年より仙台市の若生さん圃場において栽培し最終選抜を行っている。

沖縄の稲作は、戦後10年ころがピークで、現在はその十分の一程度に減少している。河川は少なく亜熱帯の乾燥した地理的条件が稲作には不向きとも言われる。水田がサトウキビやパパイヤ畑に転換されていったのも自然の成り行きかも知れない。しかし、琉球王朝時代、稲は基幹作物であったと伝えられている。稲作離れの経過の中で、沖縄の農業生態系が変化していったことは想像に難くない。それはともかく、沖縄の稲作において、固有の稲品種が全く用いられていないことが気にかかる。泡盛はタイ米ではなく沖縄固有の米で造りたい。ブナガヤの村で生まれた３つの稲系統が沖縄の稲作を復活させる日を期待しているのである。

沖縄で松は見かけないが、ここかしこに松の葉が長く垂れ下がったような松に似た樹木に目が惹かれる。「モクマオウ」というらしい。それは、沖縄戦で何もかも失われてしまった後に生えてきた戦争の申し子のひとつだと、運転を務めてくれた農場職員の宮里さんが教えてくれた。（２０２２年１・２月号）

８１．杜の都、仙台から━東日本大地震を乗り越えて

仙台市泉区の若生隆夫さん（１９４６年生まれ）の水田で稲育種を始めたのは２０１１年東日本大震災が生じた年であった。３．１１から４か月ほど後、育種計画を説明するために初めて若生さん宅に向

から新幹線車中で、わたしの心は憂鬱感と緊張感が強くなっていった。その一方で、仙台市近傍の初夏の水田風景が車窓から目に入ってきたときは魂を揺さぶられる美しさを感じた。それは、東北の地における長い歴史の中で繰り返し襲われた大自然災害の苦闘を乗り越えてきた生命の美しさであっただろうか。

若生さんが先輩の勧めで自然農法を始めたのは１９９０年である。その後、奥さんを若くして失い、生きる意欲を失っていたという。当育種事業の話が持ち込まれたときも「面倒くさい！」という気持ちが先立っていた。ところがある時、「やりなさい」という亡き奥さんの声が聞こえてきて、この事業への参加を決心したとのことである。若生さんは、周囲の農家がササニシキを作らなくなった現在もササニシキを作り続けている。ササニシキは、日本一美味しい米と言われた時代もあったが、倒伏しやすい、穂発芽しやすい、年次間変動が激しく収量が安定しない等の理由によってその姿を消していった。

しかし、若生さんは、ササニシキは米アトピー疾患などの子供を持つ母親から絶大な人気があると語る。子供たちが他品種米からササニシキに替えてアトピーが改善された症例も多い。いきおい、育種目標は、ササニシキの機能性を備えた、収量安定性のある品種の育成ということになった。コシヒカリ×ササニシキ（ＫＳ）交配Ｆ４集団約６０、０００個体からの個体選抜試験から当地での育種は始まった。それ以降選抜試験を繰り返し、２０１８年新品種候補１系統を選ぶことができた。しかし、その後の試験で、この系統に欠陥があることがわかり新品種候補にすることを断念した。９年間の努力が水泡に帰したのである。

２０１５年は、台風１８号（９８５ヘクトパスカル）が当地域を直接襲い、大きな被害を受けた年として印象的である。この時も、東日本大震災の時と同じく、若生さんの水田は間一髪の差で大きな被害を免れることができた。９月５日、被害の現場を案内されて大きなショックを受けた。収穫直前の稲がすべて水に浸かり、べったりと倒れ泥に覆われていた。激しい洪水で剥がされた道路のアスファルトの破片や、車までもが田の中に流れ入ってなぎ倒された稲の上に乗っかっている。稲の被害のみならず農器具庫も泥に埋まり収納されていたあらゆる農業機械が使用不可能になってしまった農家も多くある。このような被害農家は農業をあきらめざるを得ないだろうと若生さんはいう。

最後の段階で、新品種登録を諦めた話に戻ろう。新たな手立てがなく、また、今後多くの時間をかけることもできない。当地での育種は断念するしかない状況の中、種々の困難を乗り越えてきた経緯を思い何としても続けて成功させたいという執念もまた強くあった。考えあぐねた末、沖縄大宜見農場で、同じ交配組み合わせの選抜系統（ＫＳＯ）の９系統を栽培していることを思い起こしたのである。

２０２０年と２１年の２年間、これらの系統を若生さん圃場で栽培し、選抜試験を行うことにした。その結果、特にＫＳＯ１が収量性、食味値ともに優れ注目された。ＫＳＯ１を新品種第一候補として、今年は、機械植えによる品種決定試験を行う予定である。ＫＳＯ１は、稈長はコシヒカリより短く、出穂期はコシヒカリ、ササニシキよりやや早い早生である。精玄米／籾重比はコシヒカリ、ササニシキより高い特性がある。失敗を乗り越えての大きな成果が目前である。

おわりに若生さんの耕種方法について触れておこう。栽植密度は３０×１６㎝でやや密植である。稲藁は全量還元する。元肥としてバイオの有機（魚粕、魚の煮汁・米糠）４０㎏を施す。除草は、除草機使用や手取りで、紙マルチを用いる年もある。田の周りの畦に米ぬかを散布して草を抑え同時にイネミズゾウムシ（畦で越冬する）を防ぐ。畦の草刈りは常に虫の棲む場所を確保するため基部を残すようにする。また、水田の周囲には、カメムシやその他の虫予防のためにマリーゴールドやミントを植えている。若生さんの水田で特に目を引くのは、何列かに１列ずつ植えずに「風の道」を設けていることである。自然に寄り添う農業のいろいろな工夫の跡が見えて興味深い。

東日本大震災の年に始まった稲育種において、まさに執念で手にしつつある新品種は、また、コロナパンデミックを越えた新しい時代のひとつの贈り物にならないだろうか。（２０２２年３・４月号）

８２．北の国から

札幌より東方７～８０㎞に位置する夕張郡由仁町で稲と玉葱を栽培する専業農家、水野宏哉さん（１９５６年生まれ）宅を、稲育種の計画を話すために、初めて訪ねたのは２００９年４月上旬のことである。夕張川岸辺の西側一帯に拡がる広大な水野さんの田圃にはいたるところ残雪があり、その湿った黒い土からは黄緑色のフキノトウが芽を吹きだしていた。木々にはまだ新芽は見られない。頬を撫でる風は冷たかった。水野さんは、病弱な父親が自然農法を始めた昭和３０年代以降みるみる健康を取り戻していく姿に心惹かれて、高校卒業後、専業農家として自然農法を実践することになった。

当２００９年は、旭×亀の尾Ｆ４雑種集団、３３、０００個体を栽培した。育種目標は自然農法における収量の増加である。水野さんは反当り１俵（約６０㎏）でも増えると農家としては大変助かると、控えめに収量増加の重要性を語る。さて、ここで親品種に用いた旭、亀の尾の両品種は本州・青森以南にのみ栽培可能な日本の代表的な在来種である。したがって旭×亀の尾の雑種稲も北海道では稔らない可能性が非常に高い。

同年１０月６日、選抜試験のため当圃場を訪れたわたしの目の前には、案の定、青立ちの稲の光景が広がっていた。水野さんも、道行く人たちもこの奇異な田圃の光景には言葉を失っていたという。「やはりダメだったか」といった失望感に沈みながら、田に入り青い稲をかき分け見て歩くうち、ひっそりといった面持ちでかろうじて実っているらしい穂が散見された。飛び上がりたいほどに嬉しかった。水野さんや普及員の畑憲一さんはじめ名寄農場から手伝いに駆けつけてくれた人たちを含め8名で広い圃場を廻りながら、33、000個体からようやく稔った274穂を選抜することができた。選抜率は0・8％と極めて低い。

翌2010年は、前年選抜した274穂をそれぞれF5系統（AK系統とする）として栽培し、系統間の比較をしつつ選抜試験を行った。2011年F6系統の選抜は、雨が降りしきる気温6℃の寒さの中での忘れられない作業となった。水野さんから急遽、厚手のジャンバー、首巻用のタオル、ズボンをお借りしてはき、さらに上下の雨合羽を着て田に入った。水野夫人の美津子さんや息子（克昭）さんにも加わってもらっての選抜作業であった。

例年、播種は4月20日頃、田植えは5月下旬～6月上旬、収穫は9月下旬である。栽植密度は列間30㎝、株間13㎝の密植。元肥として有機ぼかし（魚粕、米ぬか、大豆粕）（「ライラック776」）を反当り60㎏施す。収穫した稲の藁は全量を細かく切って田に還元する。除草は除草機と手取りで行う。水田土壌は沖積土（粘土質）である。

2014年から16年の3か年は選抜した11系統について適応性・生産力検定試験を実施し、最終的に

ＡＫ４９を新品種登録候補とした。その後、当系統は、機械植えによる普通栽培によって天候不順の年には収量が低下することが判明した。北海道の代表品種、ゆめぴりか、に比べて出穂期が2週間余遅い（晩生）のがその原因である。そこで、ＡＫ４９を育種材料にし、筆者のもともとの専門分野である突然変異育種法を用いて、短年月でＡＫ４９Ｍ３（早生）およびＡＫ４９Ｍ３１（中生）を育成した。多様な出穂期の稲を準備しておく意味で、これら2系統とＡＫ４９（晩生）を新品種登録候補とした(*)。

なお、突然変異育種法は種子にX線やガンマー線を照射し、照射後代に現れる変異体の利用価値の高いものを選抜し新品種を育成する方法で、本来の両形質はそのままにして、改良したい形質のみを短期間で改善できる長所がある。１００年の歴史がある育種法である。

自然農法名寄農場は、昭和５０年（１９７５年）名寄市知恵文に開設された。総面積２０ヘクタールの農場にはカボチャ、ジャガイモ、大豆、コムギの他ひまわりも広く栽培して近年は多くの観光客の人気を博している。２０１２年からは、農場内に3アールの水田を3区画造成し、稲育種も開始した。稲作北限地域さらに北方において極耐寒性で安定して収量を確保できる品種を目指したものである。

由仁町の水野さん宅からは中央道を利用して3時間ほどの道のりである。畑さん運転の車で両所を往復するときは北海道の風土と農業を彩る風景を堪能できる良き機会となった。農場近郊の風連町はもち米の一大産地である。北に向かって名寄盆地の北端に身深町があり、大規模稲作北限の水田が広々と広がる。その傍らに立つと、アッサムや雲南、あるいは中国長江の沿岸（河姆渡など）からはるばる伝来して北の果てにたどり着いた稲の歴史に立ち会う感慨に襲われるのである。先人たちは耐冷性の品種育成に命懸けの奮闘を重ねて稲をこの地にまで導入してきたのである。ちなみに、稲作北限地は、美深よりやや北方の日本海側の遠別町にあるとのことである。

北海道の風景に接してまず目を見張ることは、広大な平原になだらかに起伏して斜面を成して広がる農耕地の姿である。そこでは大地を耕す大型トラクターが小さく、そしてゆっくり動いているように見える。実はこの傾斜地の機械による耕起が表土を流失させ砂漠化を招く主要因になる(ディビット・モントゴメリー、『土の文明史』、片岡夏実訳、２０１０)。広大な傾斜地の農耕地ばかりではなく、北海道には冬の積雪と地盤凍結があり、さらに春の融雪融凍及び乾燥があり、その上に春先の強風がある。現地の人たちから、北海道は腐葉土の減少あるいは土壌の劣化によって急激に砂漠化が進んでいると聞いている。北海道農業の喫緊の課題は土壌の腐植化に違いない。今、自然農法や有機農業の進展が急ぎ望まれるのである。（２０２2年5・6月号、一部加筆）

＊北海道の自然農法普及を統括する白川裕一さんの紹介によって道庁の農政部で二回にわたり育種経過を報告する機会が与えられた。地域行政の理解と激励によって新品種登録の手続きに入ることができることを感謝し喜んでいる。

８３．花より団子？！

大学院進学当時、研究室の教授からわたしは稲とグラジオラスの二つの研究材料が与えられた。両方の材料を扱い研究を進めて一年が過ぎるころ、わたしは稲のみについて研究することに決めた。世界に多くの飢餓に苦しむ人たちがいる。稲の研究はその人たちにこそ必要で、食べられない花など何の足しになろう。わたしは「花より団子」を選択したのである。稲の研究は今も続いているが、しかし、いつのころからか、「花」は徐々にわたしの意識において存在感を強くしていくことになった。

30代も後半のころ、わたしは国際原子力機関・食糧農業機構（ＩＡＥＡ・ＦＡＯ）の共同部門・遺伝育種班の派遣専門家として、バングラデシュのとある農業研究所の研究指導を担ったことがある。当国はパキスタンから独立したばかりの世界最貧国と言われていたころである。学位を取得したばかりの若い研究指導者の出現に当研究所員は戸惑い抵抗感を隠せないようであった。所員の中には留学経験もあり、博士号を取得している研究者も多くいた。赴任最初の日、所員らがわたしを研究圃場に案内し、次々に野辺に生える草花を引き抜いてはその名前を訊いてくる。多くの草花の名が、少なくとも英語では思い浮かばず苦渋の時間を味わされたことが記憶に残る。

研究の実施においては、わたしが方法を提示する度に、彼らは一様に自らの方法論を主張してゆずらず、いつも二つの方法を試すはめになった。どちらが勝つかまさに真剣勝負であった（いずれの勝負においてもわたしが勝ち、彼らはわたしを指導者と認めるようになっていったが）。研究者は圃場（水田）に直に入って稲を自ら観察すべき、というわたしの主張にも彼らは強い抵抗を示してきた。それは労働者の仕事だと言うのである。あれやこれやとわたしは遥か異国の地に在って、心身ともに強いストレスに見舞われていた。その間わたしは花に救われるという忘れられない経験をしたのである。

朝、研究室に着くといつも机の上には色鮮やかで水も滴る新鮮な花が豪勢に花瓶に生けて置かれてあった。研究所の労働者の一人が、毎朝花壇から新鮮な花を切り出し生けてくれたものである。花のあるその空間は清浄な空気にみたされ、朝毎にその自室に踏み入るとわたしの心は開かれ活性化し、その日一日を働く十分なエネルギーが与えられることになった。四か月の短い滞在期間に当研究所の研究者との葛藤を乗り越え、充実した研究成果を上げることができたのも花が与えてくれた幸運によるものと思っている。翌年も請われて、当研究所で働く機会が与えられたことを付記しておく。

最近出合った「花を飾ると、神舞い降りる」（須王フローラ、２０２２）という言葉が心から離れない。聖書には「人はパンのみにて生きるにあらず」（マタイ４章４節）という有名な言葉がある。神の言葉に耳を傾けて生きることの大切さを訴えたものである。わたしたちは神の姿も、言葉も見聞することはできないが、花は見える世界と見えないそれとを繋ぐ重要な働きをしているのではないか。花は魂の食べものと言い換えることもできる。コロナパンデミック、気候変動、戦争など暗い世相の中、日々の生活に花を飾り神の言葉を聴きながら霊性を高める志と祈りをもって生きることが今最も望まれていることではないかと思っている。（2022年9・10月号）

８４．育種学と育種

わたしの専門が「植物育種学」であることはすでに述べている。品種改良の学問分野に相違ないが、実際、それは、生物種の改良、遺伝子ＤＮＡ解析や生物の進化なども扱う幅広い学問領域であることを断っておこう。大学時代は育種学の講義や基礎研究を行い、最後の１４年間は、「自然農法に適応する稲の育種に関する研究」に専念した。大学定年後は大仁農場で稲の育種を担当することになり、いわば研究者から育種家に転身することになったといえるのである。

そこで、育種学（研究）と育種の間には越えられない壁があると身に染みて感ずるようになる。科学研究の大前提は「客観性」と「再現性」である。適度のスケールで設計された研究の（実験）材料は、ものさしや機器を用いて測定し分析したデータに基づいて表現される。さらに研究結果には再現性が要求される。誰が行っても同じ結果が出なければいけないのである。一方、育種は、例えば交配後代（Ｆ２あるいはＦ３）集団の何千何万の稲を一つひとつ観て回り、望ましいものを瞬時に判断して選抜しなければならない。育種の場では選抜者固有の感性が望まれる。

わたしの知人にキャベツ育種の名人といわれる菅野稔さんがいる。彼がキャベツ畑に踏み入ると、多くのキャベツのなかから手招きをするキャベツが現れる、それを選抜すると良い品種になるという。育種家が育種材料である植物たちと意思疎通ができる証であろう。

伝説的な育種家、ルーサー・バーバンク（1849〜1926、米国）は、野菜、花、果樹など生涯に三千種もの植物品種を生み出したといわれる。バーバンクポテトなど今も世界的に栽培されているものも多い。バーバンクポテトは、19世紀半ばジャガイモ疫病による大飢饉によって100万人が餓死したアイルランドを復興させる役割を果たしたと伝えられる。彼は農薬や化学肥料を用いず、その育種圃場は植物が自然に特性を発揮できる良好な土壌条件が保たれていた。そこで栽培される多彩な植物たちに語り掛け、その声に耳を傾けながら自在に選抜し、人類に貢献する多大の作物品種を創り出していったのである。

田を歩みながら一つひとつの稲に（意識的に）言葉をかけていく。これを育種家であるためにわたし自分に課したおきてとした。ある時、「育種の心得」を訊くために、稲育種のメッカと言われる北海道立上川農業試験場の場長（当時）・菊地治己博士を訪ねたことがある。博士は「ゆきひかり」、「ななつぼし」、「ゆめぴりか」などの品種育成に関わった稲育種の大家である。お話の中で「一回性が大切」という言葉が印象に残った。それは、「一期一会」という格言があるように、その時々の稲との出会いを大切にするということに違いない。一度見逃した稲は永遠にもどらないのだ。

大仁農場をはじめ全国各地域の水田に足を踏み入れ、種々の稲を観ながら歩き回ってきた時間はもうずいぶん永い。その都度、この田には必ず宝が潜んでいると自らを励ましながらの作業となるが心身の疲れは避けがたい。作業を中断し腰をのばして見上げると青い空に白い雲が流れている。それが、時には夕焼雲であったり、煌々と光る月であったりする。風もさわやかに身体を流れていく。稲と話ができる境地にはなお遠いが、育種で経験したことの幸せ感は何にも代えがたいと思っている。（２０２２年１１・１２月号）

あとがき

節分を迎えてようやく本書を上梓する運びとなった。実は、草稿作成後、校正作業に予想外の時間がかかり一年余を費やすことになった経緯がある。その間、コロナパンデミックの猛威は止まらず、気候変動による異常気象の様相は一段と過激になり、さらにロシアのウクライナ侵攻による戦争が加わることになった。人類の生存を脅かす危機的状況は日々休むことなく進行してきたといえる。本書が激しく移り行く世情を的確にとらえ、かつ希望を伝えるものになっているだろうか。時の流れに追いつけないあせりを覚える日々でもあった。

「何事にも時があり　天の下の出来事にはすべて定められた時がある。生まれる時、死ぬ時　植える時、植えたものを抜く時」（コヘレトの言葉3章1，2節）これは、わたしの座右の書、聖書が伝える言葉である。神はすべてを時に適って造り、人に賦与することを意味している。この言葉に慰められ、わたしは節分という時を得て本書を発行できる機会が与えられたと今は喜んでいる。

節分は、父親の命日であり、わたしにとって特別な日である。父は、わたしが大学院の博士課程を中退して、当該大学の付属農場に職を得、農学者の道を歩き始めて間もなく、５０歳代はじめの若さで病没した。その日、雪国の故郷は酷い吹雪に見舞われていた。翌日の立春の日は、吹雪はおさまり、空は薄い雲に覆われていたが、時々雲間よりやわらかな陽光が漏れていたことを思い起こす。

節分は、大寒と立春の、まさに冬と春の境に在って、暗から明へ季節の大転換を図るターニングポイントに当たる。その夕べには豆をまき、鬼を追い払った後、人々は明るい心をもって立春をむかえる風習をわたしたちは永く大切にしてきた。わが家も3人の子供たちが成長する間、父の命日はその面影を追想し感謝しながら節分を祝い、賑々しく豆まきを行うことが習慣となっていた。豆をまき心に棲む鬼を追い払いながら、春への希望のおもいが身体に湧き上がる日でもあったのである。

今、わたしたちは破局的ないのちの危機に瀕する、人類史のまさにターニングポイントに立たされている。この時代が立春に繋がる節分というターニングポイントであればよい。豆まきを祈りに代えて、名もなきわたしたち一人ひとりが大地を踏みしめ、いのちに向き合い生きていくその未来に希望という春が立ち上がってくるのではないかと願っているのである。

翻って、わたしの自然農法の稲を求める旅は、ようやく全国各地域より稲の新品種が育成され始めた一里塚に達したばかりといえる。本書は、その道程における一つの記録を綴ったものと受け取っていただければ幸いである。その中から何か未来への希望や生きるヒントのようなものを感じ取っていただければ望外の喜びである。

わたしの稲品種育成の仕事は、公益財団法人『農業・環境・健康研究所』の技術顧問に就任することによって実現したものである。稲育種への志を同じくし、当研究所に迎え入れ支援していただいた宮島忠仁専務理事（当時）および研究所・農場職員の皆様に心より感謝申し上げる。また、機関誌『自然農法』の編集担当、浜本潮美さん、萬両美幸さん、安本和正さんには、拙著原稿掲載に多くの激励・協力をいただいた。ここに記して、厚く御礼申し上げる。

中井弘和

２０２３年節分を祝いながら

著者略歴

中井弘和（なかい・ひろかず）

１９３９年福井県武生市（現、越前市）生まれ。

農学博士（１９７８年）。専門は「植物育種学」。

１９６５年、東京農工大学農学部卒業。同年京都大学大学院農学研究科修士課程進学、博士課程に進み１９６７年１１月同中途退学。１２月より京都大学助手農学部付属農場勤務。１９６９年より静岡大学農学部に移り助手、助教授を経て１９８９年教授。

１９９５〜１９９９年、静岡大学農学部長

２０００〜２００４年、静岡大学副学長

２００５年定年退職、静岡大学名誉教授

１９７９〜１９８２年、国際原子力機関・世界食糧農業機関共同部門遺伝育種班・派遣専門家（オーストリア・ウィーン、バングラデシュ・マイメンシンにおいて非常勤で働く。）

１９９８〜２００１年、日本農学アカデミー副会長

２０００〜２０１９年、棚田の修復と自然農法による稲つくりの学びの場・清沢塾長。

２００９〜２０１９年、『ＦＮＣＡ（アジア原子力協力フォーラム）突然変異育種プロジェクト・リーダー
２０１９〜２０２２年、静岡英和学院院長
現在、公益財団法人『農業・環境・健康研究所』技術顧問。社会福祉法人『静岡いのちの電話』理事長。
中等高等少年院『駿府学園』非常勤講師（情操講話担当）。ＳＢＳ（静岡放送）番組審議委員会委員長。
著書、『米と日本人』（編著）（静岡新聞社、１９９７年）、「生命（いのち）のかがやき—農学者と四人の対話』（野草社、２００６年）他。

自然農法の稲を求めて

生命（いのち）をつくる風景、土の力を信じる人々

2023年9月30日発行　著　者　中井弘和

発行者　向田翔一

発行所　株式会社22世紀アート
〒103-0007
東京都中央区日本橋浜町 3-23-1-5F
電話　03-5941-9774
Email: info@22art.net　ホームページ：www.22art.net

発売元　株式会社日興企画
〒104-0032
東京都中央区八丁堀 4-11-10 第 2SS ビル 6F
電話　03-6262-8127
Email: support@nikko-kikaku.com
ホームページ：https://nikko-kikaku.com/

印刷
製本　株式会社 PUBFUN

ISBN：978-4-88877-257-0